软件测试与面试通识

于晶 张丹 编著

U0247434

清华大学出版社
北京

内 容 简 介

　　本书较全面地提供了软件测试技能知识点和贴近企业用人标准的技能要点解答,是一本快速入职软件测试工程师岗位的通识用书。

　　本书对软件测试与面试技术知识点进行了归纳与总结,讲解了自动化测试技术要点、各个知识点在项目中的灵活运用、功能测试在工作当中的重要性等。另外还介绍了各大公司不同业务领域的用人需求技术,对企业用人标准进行深入分析,分类讲解面试题,精准解答工作中的技术难点,介绍企业面试的注意事项、面试技巧与要点。

　　本书适合参加软件测试类面试的读者、IT 培训机构使用,也可作为在职人员了解当前 IT 企业用人标准与技能要求的参考用书。

图书在版编目(CIP)数据

　　软件测试与面试通识/于晶,张丹编著.—北京:清华大学出版社,2020.10
　　ISBN 978-7-302-56104-0

　　Ⅰ.①软… Ⅱ.①于… ②张… Ⅲ.①软件—测试 Ⅳ.①TP311.55

　　中国版本图书馆 CIP 数据核字(2020)第 139307 号

责任编辑:赵佳霓
封面设计:郭　媛
责任校对:胡伟民
责任印制:杨　艳

出版发行:清华大学出版社
　　　　网　　　址:http://www.tup.com.cn,http://www.wqbook.com
　　　　地　　　址:北京清华大学学研大厦 A 座　　　　　邮　　编:100084
　　　　社 总 机:010-62770175　　　　　　　　　　　　邮　　购:010-83470235
　　　　投稿与读者服务:010-62776969,c-service@tup.tsinghua.edu.cn
　　　　质量反馈:010-62772015,zhiliang@tup.tsinghua.edu.cn
　　　　课件下载:http://www.tup.com.cn,010-83470236
印 刷 者:北京富博印刷有限公司
装 订 者:北京市密云县京文制本装订厂
经　销:全国新华书店
开　本:186mm×240mm　　印 张:17.25　　　　　　字　　数:425 千字
版　次:2020 年 11 月第 1 版　　　　　　　　　　　印　　次:2020 年 11 月第 1 次印刷
印　数:1～1500
定　价:75.00 元

产品编号:088042-01

前言
PREFACE

　　软件测试工程师目前正在成为 IT 行业中的一个新亮点,因其从业人员薪水高、人员需求增加快而广受关注,该行业未来良好的发展前景也受到肯定。据国家权威部门统计,中国软件人才缺口中 30% 为软件测试人才。

　　软件产业是国家鼓励发展的朝阳产业,软件产业要发展,提高软件质量势所必然,这样就产生了对软件测试工程师的大量需求。在 IT 业处于发展的初级阶段时,由于大多数软件比较简单,测试工作也不复杂,往往是软件开发企业在开发完成后进行一下简单的检测就可以了。但在 IT 业发展到一个高级阶段后,系统越来越精密,软件也越来越复杂,影响的范围也不断扩大。因此,该阶段开发的软件必须进行十分严格的测试。否则,不仅会引发企业销售收入下降和运营成本的增加,甚至会让企业承担法律责任。尤其是金融、电信、银行等系统趋于全国集中,风险波及面大,业务影响广泛的行业,其产生的后果更是不堪设想。

为什么要写这本书

　　自己学习很好,为什么找不到好的工作? 为什么我精心准备了面试,又屡屡失败? 为什么我天天熬夜学习,还是没有成效,依然找不到喜欢的工作? 很多五花八门的各种疑问,笔者经过深入了解后发现,大部分是“纸上谈兵”式的学习与不善于总结、不善于分析问题所造成的。本书总结了软件测试技术的核心知识与企业面试真题,以及面试技巧,对于求职者是一本宝典。

本书特色

　　本书根据软件测试工程师所应具备的职业素质与企业面试真题展开。

专业技能

　　计算机领域的专业技能是测试工程师必备的一项素质,是做好测试工作的前提条件。尽管没有任何 IT 背景的人也可以从事测试工作,但是要想成为一名获得更大发展空间或者持久竞争力的测试工程师,计算机专业技能是必不可少的。

　　专业技能主要包含 3 个方面:测试专业技能,软件编程技能,操作系统、数据库、自动化测试、手机测试、性能测试、常用工具的使用。

行业知识

　　行业主要指测试人员所在企业涉及的行业领域,大部分 IT 企业从事银行、互联网、电子商务等行业领域的产品测试。行业知识即业务知识,是测试人员做好测试工作的又一个前提条件,只有深入地了解产品的业务流程,才可以判断出开发人员实现的产品功能是否正确。行业知识与工作经验有一定关系，需要通过时间进行积累。一个优秀的软件测试工程师除了具备"专业技能、行业知识"外，还必须具备相应的交流技巧、组织技能、实践技能和态度（除了技术水平，需要理解和采取适当的态度去做软件测试）。

个人素养

一名优秀的测试工程师，首先要对测试工作有兴趣。测试工作很多时候显得有些枯燥，因此热爱测试工作，才更容易做好测试工作。除了具有前面的专业技能和行业知识外，测试人员应该具有一些基本的个人素养，即下面的"五心"。

专心：测试人员在执行测试任务的时候要专心，不可一心二用。经验表明，高度集中精神不但能够提高效率，还能发现更多的软件缺陷，业绩最棒的往往是团队中做事精力最集中的那些成员。

细心：执行测试工作时要细心，认真执行测试，不可以忽略一些细节。某些缺陷如果不细心很难发现，例如一些界面的样式、文字等。

耐心：很多测试工作有时候显得非常枯燥，需要很大的耐心才可以做好。如果比较浮躁，就不能做到"专心"和"细心"，这将让很多软件缺陷从你眼前逃过。

责任心：责任心是做好工作必备的素质之一，测试工程师更应该将其发扬光大。如果测试中没有尽到责任，甚至敷衍了事，把测试工作"交给"用户来完成，很可能造成非常严重的后果。

自信心：自信心是现在多数测试工程师缺少的一项素质，尤其在面对需要编写测试代码等工作的时候，往往认为自己做不到。要想获得更好的职业发展，测试工程师们应该努力学习，建立"能解决一切测试问题"的信心。

"五心"只是做好测试工作的基本要求，测试人员应该具有的素质还很多，例如测试人员不但要具有团队合作精神，而且应该学会宽容待人，学会去理解开发人员，同时也要尊重开发人员的劳动成果——开发出来的产品。软件测试工程师作为软件质量的把关者，其职能在于保证交付到客户手中的软件可靠好用，运行畅通无阻。从产品定义到产品开发再到产品维护，都离不开软件测试。由于软件测试的重要性是近两年才被充分认识到的，很多高校教育和企业培养还没有跟上，致使软件测试人才严重供不应求，出现跑步上岗、快速提升的状态，薪资也逐步走高。

本书由笔者与于晶教育讲师团队合力编著，倾注了编者的努力。由于笔者水平有限，书中难免存在疏漏，敬请读者批评指正。

于晶　张丹

2020 年 3 月

目 录
CONTENTS

第 1 章

Linux 系统核心技术

1.1 常用命令

1. ifconfig 命令

作用：查看 IP 地址。

本命令在公司使用的时候，一般用于在服务器进行调试，测试网络是否通畅，也就是测试环境。

2. cd 命令

作用：改变用户当前目录的路径。

在服务器端用于查看目录，是最基本的命令。

3. ls 命令

作用：查看当前路径下的内容，不包含隐藏文件。

```
ls  -a     显示所有文件,包括隐藏文件.
ls  -al    以详细信息显示所有文件,包括隐藏文件.
```

面试的时候一般初试时会现场写命令，最好是把当前命令详细参数的用法写出来，精确到每一个参数的用法。这个命令在工作当中是最常用的，通常跟修改文件权限的 chmod 命令连着一同使用的。另外在进行环境部署的时候，也需要使用这个命令。

4. whoami 命令

作用：查看当前用户。

在给用户进行分组，或是不清楚自己权限的时候，可以使用这个命令来查看当前的用户是谁，然后随时切换相应的用户。

5. date 命令

作用：查看系统日期和时间。

面试会经常问到，如何查看当前日期，为什么要问这么简单的问题呢？日期对于测试来说相当重要，所以反复查看当前日期的命令是常用操作。

6. clear 命令

作用：清屏。

执行命令满屏的时候可进行清屏操作。

7. mkdir 命令

作用：新建目录。

创建一个文件夹。

8. touch 命令

作用：新建文件。

创建文件，Linux 不区分文件的类型，所以创建文件时可以有扩展名，也可以没有，但是一般为了好区别，创建文件的时候通常带上扩展名，例如 touch *.log 、touch *.gz 和 touch *.tar。

9. pwd 命令

作用：查看当前路径。

本命令可立刻得知目前所在的工作目录的绝对路径名称，快速执行后面想要执行的操作。

10. rm −rf 命令

作用：删除文件/目录。

本命令一旦执行，就无法恢复了，所以请谨慎使用本命令。这个命令对于测试工程师来说，用到的机会不是特别大。

11. ping 命令

作用：测试连通性。

这个命令主要用于确定网络和各外部主机的连接状态，例如要检查网络与主机 snjy 的连接性，指定发送的回送信号请求的数目，命令为 ping -c 10 snjy。

12. yum install 命令

作用：安装指定命令。

yum 命令的使用相对比 rpm 的使用简单，不需要手动去寻找要安装的软件的位置，例如 yum -y install httpd。

13. tree 命令

作用：查看指定目录结构。

14. cp 命令

作用：复制文件/目录。

15. mv 命令

作用：(1)剪切文件/目录；(2)文件重命名。

16. vi 命令

作用：文本编辑器。vi 编辑器常用命令如下：

:wq   保存并且退出

:w	只保存不退出
:q	不保存退出
:q!	不保存强制退出
:0	光标移动至文件首行
:$	光标移动至最后一行
:nu	显示当前光标所在行号
:set nu	所有内容显示行号
:set nonu	不显示行号
:s/甲/乙/g	当前行中所有字符串甲均被乙替换
:g/甲/s//乙/g	文件中所有字符串甲均被乙替换
:n1,n2s/甲/乙/g	将 n1 行至 n2 行所有的字符串甲替换为乙
a	在光标后插入文本
i	在光标前插入文本
o	在光标所在行后新开一行
x	删除一个字符
dd	删除一行字符
yy	复制当前行
nyy	复制从当前行开始的 n 行,n 为数字
yb	从光标开始向左复制一个字符
nyb	从光标开始向左复制 n 个字符,n 为数字
y$	复制从光标开始到行末的所有字符
p	在光标后粘贴复制的文本
np	在光标后粘贴复制的文本,共粘贴 n 次,n 为数字
/甲	从光标位置向文件末搜索字符串甲
?甲	从光标位置向文件首搜索字符串甲

vi 命令在 Linux 中是非常重要的一个命令,对于测试人员来说,它里面的常用快捷方式经常使用,需要熟练掌握,主要是需要修改配置文件,配置文件一般是开发人员提交的。常用参数要分清,例如删除一行、复制参数、替换参数等。

17. vim 命令

vim 为 vi 的加强版。

1）查看系统配置命令：uname -r 命令

作用：查看内核版本。

2）cat /etc/redhat-release

作用：查看系统版本。

3）df -h 命令

作用：查看硬盘使用情况。

4）cat /proc/cpuinfo 命令

作用：查看 CPU 使用情况。

5）cat /proc/meminfo 命令

作用：查看内存。

6）free -h 命令

作用：查看内存。

7）cat /etc/sysconfig/network-scripts/ifcfg-ens32

作用：查看网络配置。

18．查看文件内容的多种命令

1）cat 命令

作用：查看文件内容。

2）less 命令

作用：分屏查看文件内容。

3）more 命令

作用：分屏查看文件内容。

4）head 命令

作用：查看文件内容。

5）tail 命令

作用：(1)查看文件内容；(2)监控日志文件。

对于测试人员来说，准确定位 Bug 的一个重要文件就是日志，所以使用 Linux 中的 tail、more、cat 这 3 个命令去查看日志内容和监控日志是非常重要的，在笔试题和面试题里都会被问到。测试人员需要完整的日志文件，一般日志文件以 *.log 为扩展名。

19．find 命令

作用：在指定命令下进行查找。

find 命令一般与管道命令结合使用，用来查找服务器的某些文件，笔试题中常见。

20．history 命令

作用：查看历史命令。

21．alias 命令

作用：查看/设置命令别名。

22．help 命令

作用：获取命令的帮助。

23．man 命令

作用：获取命令的帮助。

24．修改主机名命令

1）vim/etc/hostname

2）nmtui

3）hostnamectl set-hostname 新名-static

25．grep 命令

作用：文本搜索工具。

此命令在工作中最为常见，通常与 find 管道命令结合使用。

26．awk 命令

作用：文本数据处理工具。

27．sed 命令

作用：主要用来设置 Shell，一般是在写 Shell 脚本时的执行方式。

不带参数时用来显示环境变量，对于测试的环境搭建有一定帮助。还有一个重要的参数-e，表示只要 Shell 脚本发生了错误，即使命令返回值不等于 0，也将停止执行并退出 Shell，set-e 在 Shell 脚本中经常使用。默认情况下，Shell 脚本碰到错误会报错，但会继续执行后面的命令。

28．用户管理命令

1）useradd 命令

作用：创建用户。

2）userdel 命令

作用：删除用户。

3）usermod 命令

作用：修改用户信息。

29．组管理命令

1）groupadd 命令

作用：创建组。

2）groupdel 命令

作用：删除组。

3）gpasswd 命令

作用：对组内用户进行设置。

4）groupmod 命令

作用：修改组信息。

30．chmod 命令

作用：改变文件/目录的访问权限。

工作当中经常使用到 chmod 命令，例如在测试环境服务器端搭建的时候，需要改变开发配置文件的权限，或是更新版本的时候，需要修改配置文件参数，首先要做的就是使用 chmod 来修改文件权限，例如常用的 chmod 777。3 个 7 分别代表什么，3 个 7 是面试时常问到的，分别代表文件所有者、群组用户、其他用户的使用权限。777 是一个八进制组合。转成二进制就是 111 111 111，这样的结果就是文件所有者、群组用户、其他用户的 rwx 都具有读写可执行权限。

文件和目录的权限分为 3 种：只读、只写和可执行，如表 1.1 所示。

表 1.1　文件和目录的权限

权限	权限数值	二进制	具体应用
r	4	00000100	read(读取),当前用户可以读取文件内容,也可以浏览目录
w	2	00000010	write(写入),当前用户可以新增或修改文件内容,即可以删除、移动目录或目录内的文件
x	1	00000001	execute(执行),当前用户可以执行文件,即可以进入目录

31. chown 命令

作用:更改文件/目录的所属用户和组。

32. split 命令

作用:分割文本文件。

```
split  - b    按照指定的文件大小分割文件
split  - l    按照指定的行数分割文件
```

此命令一般在遇到大文件的时候用来进行分割,同样因为它在工作当中常用,通常会被面试官刨根问底,默认情况下按照每 1000 行切割成小文件。例如使用此命令将文件 readme 每 10 行切割成一个文件的命令是 $ split -10 readme。

注意在回答面试官问题的时候一定要举例,而不是只说这个命令的含义。这样代表这个命令我不仅会,而且也明白参数的具体含义。

33. du -h 命令

作用:列出文件或目录的大小。

34. ln 命令

作用:为文件/目录在另外一个位置建立同步的连接。

35. sudo 命令

作用:通过配置文件来提升普通用户的权限。

步骤如下:

(1)创新用户:useradd u1。

(2)提升用户权限:vi/etc/sudoers。

在 root ALL=(ALL)ALL 的下一行写入要赋予用户的权限:

```
u1   ALL = (ALL)   /bin/ls/usr/sbin/useradd
```

即普通用户 u1 可以查看用户的家目录,可以使用 useradd 命令。切换用户 u1 后,可使用 sodu ls /root 和 sodu useradd 来执行被赋予的权限。

36. 软件包管理命令

1) rpm 包

rpm 命令的作用是安装和卸载 rpm 软件包。

yum 命令的作用是安装、卸载和缓存 rpm 软件包。

2）源码包安装三大步

```
./configure
make
make install
```

3）pl 包

使用./*.pl 进行安装。

4）py 包

Python 命令，作用是安装卸载 py 软件包。

37．tar 命令

作用：打包压缩、解压文件。

38．ps -ef 命令

作用：列出系统当前运行的进程。

39．pstree 命令

作用：以树状图显示进程，可查看子进程的父进程。

40．pgrep 命令

作用：查找当前正在运行的进程并列出符合条件的进程 id。

41．进程管理

1）kill 命令

作用：通过进程 id 来杀死进程。

【例 1.1】　kill　-9　1349　杀死 1349 进程

2）killall 命令

作用：用进程的名字来杀死进程。

【例 1.2】　killall　-9　python　杀死 Python 进程

```
killall  -9  -u  u1  bash  杀死 u1 用户的 bash 进程
```

使用本命令时遇到服务器端性能问题，首先要查看当前使用的进程有哪些，有必要快速杀死那些占用比例大的资源进程。本命令是笔试和面试时的必问项。

42．wc 命令

```
wc  -c 文件     统计文本文件中字符的数量
wc  -w 文件     统计文本文件中单词的数量
wc  -l 文件     统计文本文件中的行数
```

43．service 命令

```
service iptables stop      停止防火墙服务
service mysqld start       启动 MySQL 服务
service network restart    重启网络服务
service iptables status    查看防火墙服务的状态
```

1.2　在软件测试中的应用

在 Linux 系统平台下搭建软件测试环境。

1. 查看日志

对软件测试人员来说,查看日志恐怕是运用 Linux 系统最多的功能。查看日志主要用于定位 Bug 或者查看程序执行情况(什么时候调用哪个服务,什么时候在哪个表中写数据,什么时候发起请求等都可以在日志中查询到)。

2. 查看日志时经常用到的一些命令

查看日志文件的命令有 vim、cat、less、more、head、tail 等,软件测试人员需要会使用一些常用命令,并能够给文件赋予权限。在文件里面搜索,先用 less 命令查看文件,然后输入指定字符串进行查找;在文件外面搜索特定的字符串,可以用 grep 命令查找。

【例 1.3】　grep 'ERROR' test. log //查找 test. log 文件中包含'ERROR'的行,并且显示出来; grep 'ERROR' test. log｜wc -l //返回 test. log 文件中包含'ERROR'行的数目,根据查看日志定位到软件出错时的日志,通过分析日志来解决 Bug,当然这有可能也定位不出 Bug,查看日志只是定位 Bug 的手段之一。

在 Linux 系统下测试至少应熟练掌握 10 条以上常用命令,才能顺利通过笔试或面试。例如 split、ps、tail、kill、chmod、tar、pwd、ls、grep、tar、vi、find、grep 在笔试过程中,要能够顺利写出命令及参数的含义。有的读者觉得笔试题好像不重要,是不是百度一下就可以了?错了,来参加应聘的人相当多,如果每个人的答案都一样,那么你怎样在众多的应聘者中脱颖而出呢?

第 2 章

MySQL 核心技术

2.1 面试常问技术

1. 基本命令
1）查看当前所有存在的数据库

```
mysql > show databases;
```

2）创建测试数据库

```
mysql > database test_db;
```

3）查看创建的数据库

```
mysql > show create database test_db;
```

4）删除数据库

```
mysql > drop database n
```

5）清屏

```
mysql > system clear;
```

6）切换当前数据库

```
mysql > use zoo;               //zoo 为创建的数据库名
```

2. 创建表使用命令
1）创建表

【例 2.1】 创建表 test_db，代码如下：

```
mysql > use test_db;                //定义当前数据库
mysql > create table tb_emp11       //创建表
(
id int (11),
name varchar (25),
deptId int (11),
salary float
);
```

2）查看表

```
mysql > show tables;
```

3. 创建主键

建表时创建主键是个良好的习惯，应作为规范，若预测可能累计大量数据，必须设置主键。主键（primary key）一列（或一组列），其值能够唯一区分表中的每个行。唯一标识表中每行的这个列（或组列）称为主键。若没有主键，更新或删除表中指定行很困难，因为没有安全的方法保证只设计相关的行。

创建主键有两种方法：

（1）定义数据表 tb_emp2，其主键为 id，代码如下：

```
CREATE TABLE tb_emp2
(
id int(11) PRIMARY KEY,
name varchar(25),
deptId int(11),
salary float
);
```

（2）定义数据表 tb_emp3，其主键为 id，代码如下：

```
CREATE TABLE tb_emp3
(
id int(11),
name varchar(25),
deptId int(11),
salary float,
PRIMARY KEY(id)          //创建主键
);
```

创建多字段联合主键语句为定义数据表 tb_emp4，代码如下：

```
CREATE TABLE tb_emp4
(
name varchar(25),
deptId int(11),
salary float,
PRIMARY KEY(name,deptId)          //创建联合主键
);
```

4. 外键约束

两个表需要相互关联时使用外键约束，创建外键约束的语法格式：

```
[CONSTRAINT <外键名>] FOREIGN KEY 字段名 1[,字段名 2…]
REFERENCES <主表名> 主键列 1[,主键列 2…]
```

【例 2.2】 定义数据表 tb_emp5，并在 tb_emp5 表上创建外键约束。

首先创建一个部门表 tb_dept1，代码如下：

```
CREATE TABLE tb_dept1
(
id int(11) PRIMARY KEY,
name varchar(22) NOT NULL,
location varchar(50)
);
```

然后定义数据表 tb_emp5，让它的键 deptId 作为外键关联到 tb_dept1 的主键 id，代码如下：

```
CREATE TABLE tb_emp5
(
id int(11) PRIMARY KEY,
name varchar(25),
deptId int(11),
salary float,
CONSTRAINT fk_emp_dept1FOREIGN KEY(deptId) REFERENCES tb_dept1(id)
);
```

外键名称需要从表中外键约束字段来主表依赖字段。

5. 创建非空约束

非空约束的字段不能为空，被指定后仍然为空时系统报错，非空约束的语法格式：

字段名 数据类型 NOT NULL

【例 2.3】 创建非空约束的代码如下：

```
CREATE TABLE tb_emp6
    (
       id int(11) PRIMARY KEY,
       name varchar(25) NOT NULL,
       deptId int(11),
       salary float,
       CONSTRAINT fk_emp_dept2 FOREIGN KEY (deptId) REFERENCES tb_dept(id)
    );
```

6. 唯一性约束

唯一性约束要求该列值唯一,允许为空,但只能出现一个空值。唯一性约束可以确保一列或几列不出现重复值,唯一性约束的语法格式:

字段名 数据类型 UNIQUE

唯一性约束两种方法见例 2.4 和例 2.5,其功能相同。

【例 2.4】 定义数据表 tb_dept2,指定部门的名称唯一,SQL 语句为:

```
CREATE TABLE tb_dept2
(
id int(11) PRIMARY KEY,
name varchar(22) UNIQUE,
location varchar(50)
);
```

【例 2.5】 定义数据表 tb_dept3,指定部门的名称唯一,SQL 语句为:

```
CREATE TABLE tb_dept3
(
id int(11) PRIMARY KEY,
name varchar(22),
location varchar(50),
CONSTRAINT GJ UNIQUE (name)
);
```

7. 默认约束

如果插入一个新的字段时没有为此字段赋予值,此字段赋默认约束的语法格式:

字段名 数据类型 DEFAULT 默认值

【例 2.6】 定义数据表 tb_emp7,指定员工的部门编号默认为 1111,SQL 语句为:

```
CREATE TABLE tb_emp7
    (
        id int(11) PRIMARY KEY,
```

```
        name varchar(25) NOT NULL,
        deptId int(11) DEFAULT 1111,
        salary float,
        CONSTRAINT fk_emp_dept3 FOREIGN KEY (deptId) REFERENCES tb_dept(id)
    );
```

8. 设置表的属性值自动增加

在数据库应用中每次插入新记录时,系统经常会自动生成字段的主键值,可以为表主键添加 AUTO_INCREMENT 关键字实现自动增加属性值。一个表只能有一个字段使用 AUTO_INCREMENT 约束,且该字段必须为主键的一部分,语法格式:

字段名 数据类型 AUTO_INCREMENT

【例 2.7】 设置自动增加属性后,id 值自动递增。定义数据表 tb_emp8,指定员工的编号自动递增,SQL 语句为:

```
CREATE TABLE tb_emp8
    (
        id int(11) PRIMARY KEY AUTO_INCREMENT
        name varchar(25) NOT NULL,
        deptId int(11),
        salary float,
CONSTRAINT fk_emp_dept5 FOREIGN KEY (deptId) REFERENCES tb_dept(id)
);
```

插入一条数据记录:

```
mysql> INSERT INTO tb_emp8 (name,salary) VALUES('Lucy',1000), ('Lura',1200),('Kevin',1500);
```

查看插入的数据:

```
mysql> select * from tb_emp8;
```

插入数据时,只插入 3 个字段,id 字段没有插入,此时实现递增。属性自动增加结果如下所示:

```
id    name    deptId    salary
1     Lucy    NULL      1000
2     Lura    NULL      1200
3     Kevin   NULL      1500
3 rows in set (0.00 sec)
```

9. 查看数据表结构

查看表基本结构语句为 describe,该语句可以查看表的字段信息,其中包括字段名、字

段数据类型、是否为主键、是否有默认值等,语法格式:

```
describe <表明>/desc <表名>
```

【例 2.8】 分别使用 describe 和 desc 查看表结构,操作过程如下:

```
mysql > desc tb_dept2;
mysql > describe tb_emp7;
```

执行结果如下所示:

```
Field      Type NULL      Key   Default     Extra
id         int(11)        NO    PRI         NULL
name       varchar(25)    NO                NULL
deptId     int(11)        YES   MUL         1111
salary     float          YES   NULL
4 rows in set   (0.00 sec)
```

```
mysql >  dese tb_dept2;
```

执行结果如下所示:

```
Field      Type           NULL    Key   Default     Extra
id         int(11)        NO      PRI   NULL
name       varchar(22)    YES     UNI   NULL
location   varchar(50)    YES           NULL
```

Field 为列名; Type 为类型; Null 表示是否可以为空值; Key 表示该列是否输入索引; Default 表示该列是否输入默认值,如果输入默认值,这里可以显示出来,如果没有输入则显示 NULL; Extra 为相关的附加信息。

备注: PRI 表示主键的一部分; MUL 表示该列给定的值可以出现多次; UNI 表示该列唯一约束。

```
mysql > desc tb_emp8;
```

执行结果如下所示:

```
Field      Type           NULL    Key   Default     Extra
id         int(11)        NO      PRI   NULL        auto_increment
name       varchar(25)    NO              NULL
deptId     int(11)        YES     MUL     NULL
salary     float          YES             NULL
```

查看详细结果使用语句 SHOW CREATE TABLE,该语句用来显示数据表的创建语句,语法格式:

```
SHOW CREATE TABLE <表名\G>
```

【例 2.9】　使用 SHOW CREATE TABLE 查看表 tb_emp1 的详细信息，SQL 语句及相应的执行结果如下所示：

```
SHOW CREATE TABLE tb_emp1;
SHOW CREATE TABLE tb_emp1\G;
```

10. 修改数据表

1) 修改表名

修改表名的语法格式：

```
ALTER TABLE <旧表名> RENAME [TO] <新表名>
```

【例 2.10】　将数据表 tb_emp8 改名为 tb_gj。

```
mysql > ALTER TABLE tb_emp11 RENAME tb_agan11;
```

查看修改后的结果：

```
mysql > show tables;
```

2) 修改字段的数据类型

修改数据类型的语法格式：

```
ALTER TABLE <表名> MODIFY <字段名> <数据类型>
```

【例 2.11】　将数据表 tb_dept1 中 name 字段的数据类型由 VARCHAR(22)修改成 VARCHAR(30)。

```
mysql > ALTER TABLE tb_dept1 MODIFY name VARCHAR(30);
```

修改完成后查看：

```
mysql > desc tb_dept1;
```

3) 修改字段名

修改字段名的语法格式：

```
ALTER TABLE <表名>
CHANGE <旧字段名> <新字段名> <新数据类型>;
```

【例 2.12】　将数据表 tb_dept1 中的 location 字段名称改为 loc,数据类型保持不变。

```
mysql > ALTER TABLE tb_dept1 CHANGE location int(11);
```

将数据表 tb_dept1 中的 loc 字段名称改为 location,同时将数据类型保持变为 varchar(60)。

```
mysql > ALTER TABLE tb_dept1 CHANGE loc location varchar(60);
```

4）添加字段

添加字段的语法格式:

```
ALTER TABLE <表名>
ADD <新字段名> <数据类型>
[约束条件] [FITDT| AFTER 已存在字段名];
```

【例 2.13】 添加一个没有完整性约束的 int 类型的字段 managerId(部门经理编号),SQL 语句如下:

```
mysql > ALTER TABLE mark ADD Soft 成绩 int(10) NOT NULL;
```

备注:新字段 managerId 添加到表末尾。

在数据表 tb_dept1 中添加一个不能为空的 varchar(12)类型的字段 column1,语句如下:

```
mysql > ALTER TABLE tb_dept1 ADD column1 varchar(12) not null;
```

在数据表 tb_dept1 中添加一个 int 类型的字段 column2,SQL 语句如下:

```
mysql > ALTER TABLE tb_dept1 ADD column2 int(11) FIRST;
```

备注:将新字段添加到第一个字段。

在数据表 tb_dept1 中 name 列后添加一个 int 类型的字段 column3,语句如下:

```
mysql > ALTER TABLE tb_dept1 ADD column3 int(11) AFTER name;
```

备注:在 name 列后添加一个字段。

完成后查看表结构:

```
mysql > desc tb_dept1;
```

5）删除字段

删除字段的语法格式:

```
ALTER TABLE <表名> DROP <字段名>;
```

【例 2.14】 删除数据表 tb_dept1 表中的 column2 字段。

```
mysql > ALTER TABLE tb_dept1 DROP column2;
```

完成后查看表结构：

```
mysql > desc tb_dept1;
```

6）修改字段的排列位置

修改字段的排列位置的语法格式：

```
ALTER TABLE <表名>
MODIFY <字段 1>   <数据类型> FIRST|AFTER <字段 2>;
```

【例 2.15】 将数据表 tb_dept1 中的 column1 字段修改为表的第一个字段。

```
ALTER TABLE tb_dept1 MODIFY column1 varchar(12) FIRST;
```

将数据表 tb_dept1 中的 column1 字段插入到 location 字段后面。

```
ALTER TABLE tb_dept1 MODIFY column1 varchar(12) AFTER location;
```

完成后查看表结构：

```
mysql > desc tb_dept1;
```

7）更改表的储存引擎

在 MySQL 中，存储引擎指 MySQL 数据库中表的存储类型。可以根据自己的需要选择不同的引擎，甚至可以为每一张表选择不同的存储引擎，语法格式：

```
ALTER TABLE <表名>   ENGINE = <更改后的储存引擎名>;
```

【例 2.16】 将数据表 tb_deptment3 的存储引擎修改为 InnoDB 或 MyISAM。

```
mysql > ALTER TABLE tb_deptment3 ENGINE = InnoDB;
```

修改完成后查看：

```
SHOW CREATE TABLE tb_deptment3 \G;
```

8）删除表的外键约束

数据库中定义的外键，如果不再需要可以将其删除，外键一旦删除，就会解除主表和从表间的关联关系，语法格式：

```
ALTER TABLE <表名> DEOP FOREIGN KEY <外键约束名>
```

【例 2.17】 删除数据表 tb_emp9 中的外键约束。

创建外键的代码如下：

```
CREATE TABLE tb_emp9
  (
  id int(11) PRIMARY KEY,
  name varchar(25),
  deptId int(11),
  salary float,
  CONSTRAINT fk_emp_dept FOREIGN KEY (deptId) REFERENCES
tb_dept1(id)
);
```

查看外键：

```
SHOW CREATE TABLE tb_emp9 \G;
```

删除外键约束：

```
ALTER TABLE tb_emp9 DROP FOREIGN KEY fk_emp_dept;
```

11. 删除数据表

1）删除没有被关联的表

在 MySQL 中，使用 DROP TABLE 可以一次删除一个或多个没有被其他表关联的数据表。语法格式：

```
DROP TABLE [IF EXISTS]表 1,表 2, …,表 n;
```

【例 2.18】 删除数据表 tb_dept2,输入如下 SQL 语句并执行：

```
DROP TABLE IF EXISTS tb_dept2;
```

2）删除被其他表关联的数据表

关联的情况下不可以直接删除父表,需先删除关联的子表后再删除父表；需要保留子表时,先解除约束后再删除父表。删除被数据表 tb_emp 关联的数据表 tb_dept2,代码如下：

```
CREATE TABLE tb_dept2
(
id int(11) PRIMARY KEY,
name varchar(22),
location varchar(50)
);
```

```
CREATE TABLE tb_emp
(
id int(11) PRIMARY KEY,
name varchar(25),
deptId int(11),
salary float,
CONSTRAINT fk_emp_dept FOREIGN KEY (deptId) REFERENCES tb_dept2(id)
);
```

直接删除父表 tb_dept2：

```
DROP TABLE tb_dept2;
```

解除关联子表 tb_emp 的外键约束：

```
ALTER TABLE tb_emp DROP FOREIGN KEY fk_emp_dept;
```

12. 数据类型和运算符

1）整数类型

主要提供的整数类型有 TINYINT、SMALLINT、MEDIUMINT、INT、BIGINT。

【例 2.19】 创建表 tmp1，其中字段 x、y、z、m、n 数据类型依次为 TINYINT、SMALLINT、MEDIUMINT、INT、BIGINT。

```
CREATE TABLE tmp1 ( x TINYINT, y SMALLINT, z MEDIUMINT, m INT, n BIGINT );
```

2）使用浮点数和定点数来表示小数

浮点类型有两种：单精度浮点类型（FLOAT）和双精度浮点类型（DOUBLE）。

定点类型只有一种：DECIMAL。

浮点类型和定点类型都可以用（M，N）来表示，M 为精度，表示总数的位数；N 为标度，表示小数的位数。

【例 2.20】 创建表 tmp2，其中字段 x、y、z 数据类型依次为 FLOAT(5,1)、DOUBLE(5,1)、DECIMAL(5,1)。

```
CREATE TABLE tmp2 ( x FLOAT(5,1), y DOUBLE(5,1), z DECIMAL(5,1) );
```

3）时期与时间类型

日期的数据类型有多种表示，主要有 DATETIME、DATE、TIMESTAMP、TIME、YEAR。

【例 2.21】

① 创建数据表 tmp3，定义数据类型为 YEAR 的字段 y，向表中插入值 2010、'2010'、

'2166'。创建表 tmp3：

```
CREATE TABLE tmp3( y YEAR );
INSERT INTO tmp3 values(2010),('2010'),('2166');
```

② 向 tmp3 表中 y 字段插入 2 位字符串表示的 YEAR 值，分别为'0'、'00'、'10'、'66'。

```
DELETE FROM tmp3;
INSERT INTO tmp3 values('0'),('00'),('10'),('66');
```

③ 向 tmp3 表中 y 字段插入 2 位数字表示的 YEAR 值，分别为 0、78、11。

```
DELETE FROM tmp3;
INSERT INTO tmp3 values(0),(78),(11);
mysql > select * from tmp3;        //查看表
```

④ 创建数据表 tmp4，定义数据类型为 TIME 的字段 t，向表中插入值'10:05:05'、'23:23'、'2 10:10'、'3 02'、'10'。

```
CREATE TABLE tmp4( t TIME );
INSERT INTO tmp4 values('10:05:05 '), ('23:23'), ('2 10:10'), ('3 02'),('10');
```

⑤ 向表 tmp4 中插入值'101112'、111213、'0'、107010。

```
DELETE FROM tmp4;
INSERT INTO tmp4 values('101112'),(111213),( '0') ,(107010);
```

⑥ 向表 tmp4 中插入系统当前时间。

```
DELETE FROM tmp4;
INSERT INTO tmp4 values (CURRENT_TIME) ,(NOW());
```

⑦ 创建数据表 tmp5，定义数据类型为 DATE 的字段 d，向表中插入"YYYY-MM-DD"、"YYYYMMDD"字符串格式日期。

```
CREATE TABLE tmp5(d DATE);
INSERT INTO tmp5 values('1998 - 08 - 08'),('19980808'),('20101010');
```

⑧ 向 tmp5 表中插入"YY-MM-DD"和"YYMMDD"字符串格式日期。

```
DELETE FROM tmp5;
INSERT INTO tmp5 values('99-09-09'),('990909'), ('000101') ,('121212');
```

⑨ 向 tmp5 表中插入 YY-MM-DD 和 YYMMDD 数字格式日期。

```
DELETE FROM tmp5;
INSERT INTO tmp5 values(1999 − 09 − 09),(990909), (000101),(121212);
```

⑩ 向 tmp5 表中插入系统当前日期。

```
DELETE FROM tmp5;
INSERT INTO tmp5 values( CURRENT_DATE() ),( NOW() );
```

⑪ 创建数据表 tmp6，定义数据类型为 DATETIME 的字段 dt，向表中插入"YYYY-MM-DD HH:MM:S"和"YYYYMMDDHHMMSS'字符串格式日期和时间值。

```
CREATE TABLE tmp6( dt DATETIME );
INSERT INTO tmp6 values('1998 − 08 − 08
08:08:08'),('19980808080808'),('20101010101010');
```

⑫ 向 tmp6 表中插入"YY-MM-DD HH:MM:SS "和"YYMMDDHHMMSS"字符串格式日期和时间值。

```
DELETE FROM tmp6;
INSERT INTO tmp6 values('99-09-09
09:09:09'),('990909090909'),('101010101010');
```

⑬ 向 tmp6 表中插入 YY-MM-DD HH:MM:SS 和 YYMMDDHHMMSS 数值格式日期和时间值。

```
DELETE FROM tmp6;
INSERT INTO tmp6 values('19990909090909'), ('101010101010');
```

⑭ 向 tmp6 表中插入系统当前日期和时间值。

```
DELETE FROM tmp6;
INSERT INTO tmp6 values( NOW() );
```

⑮ 创建数据表 tmp7，定义数据类型为 TIMESTAMP 的字段 ts，向表中插入值 '199501010101'、'950505050505'、'1996-02-02 02:02:02'、'97@03@03 03@03@03'、121212121212，NOW()。

```
CREATE TABLE tmp7( ts TIMESTAMP);
INSERT INTO tmp7
values ('199501010101'),
```

```
('950505050505'),
('1996-02-02 02:02:02'),
('97@03@03 03@03@03'),
(121212121212) ,
( NOW() );
```

⑯ 向 tmp7 表中插入当前日期,查看插入值,更改时区为东 10 区,再次查看插入值,
SQL 语句如下:

```
DELETE FROM tmp7;
mysql > insert into tmp7 values( NOW() );
```

13. 插入、更新、删除数据

步骤 1:创建数据表 books。

```
CREATE TABLE books
(
id INT NOT NULL AUTO_INCREMENT PRIMARY KEY,
name VARCHAR(40) NOT NULL,
authors VARCHAR(200) NOT NULL,
price INT(11) NOT NULL,
pubdate YEAR NOT NULL,
note VARCHAR(255) NULL,
num INT NOT NULL DEFAULT 0
);
```

步骤 2:向 books 表中插入记录。

① 指定所有字段名称插入记录,SQL 语句如下:

```
INSERT INTO books (id, name, authors, price, pubdate,note,num)
VALUES(1, 'Tale of AAA', 'Dickes', 23, '1995', 'novel',11),();
```

② 不指定字段名称插入记录,SQL 语句如下:

```
INSERT INTO books
VALUES (2,'EmmaT','Jane lura',35,'1993', 'joke',22);
```

③ 同时插入多条记录。使用 INSERT 语句将剩下的多条记录插入表中,SQL 语句如下:

```
INSERT INTO books
VALUES(3, 'Story of Jane', 'Jane Tim', 40, '2001', 'novel', 0),
(4, 'Lovey Day', 'George Byron', 20, '2005', 'novel', 30),
```

```
(5, 'Old Land', 'Honore Blade', 30, '2010', 'law',0),
(6,'The Battle','Upton Sara',33,'1999', 'medicine',40),
(7,'Rose Hood','Richard Kale',28,'2008', 'cartoon',28);
```

步骤3：将小说类型(novel)的书的价格都增加5。

```
UPDATE books SET price = price + 5 WHERE note = 'novel';
```

步骤4：将名称为EmmaT的书的价格改为40，并将说明改为drama。

```
UPDATE books SET price = 40,note = 'drama' WHERE name = 'EmmaT';
```

步骤5：删除库存为0的记录。

```
DELETE FROM books WHERE num = 0;
```

14．查询数据

步骤1：创建数据表 employee 和 dept。

创建 dept 表，代码如下：

```
CREATE TABLE dept
(
d_no INT NOT NULL PRIMARY KEY AUTO_INCREMENT,
d_name VARCHAR(50),
d_location VARCHAR(100)
);
```

创建 employee 表，代码如下：

```
CREATE TABLE employee
(
e_no INT NOT NULL PRIMARY KEY,
e_name VARCHAR(100) NOT NULL,
e_gender CHAR(2) NOT NULL,
dept_no INT NOT NULL,
e_job VARCHAR(100) NOT NULL,
e_salary SMALLINT NOT NULL,
hireDate DATE,
CONSTRAINT dno_fk FOREIGN KEY(dept_no)
REFERENCES dept(d_no)
);
```

步骤2：将指定记录分别插入两个表中。

向 dept 表中插入数据,代码如下:

```
INSERT INTO dept
VALUES (10, 'ACCOUNTING', 'ShangHai'),
(20, 'RESEARCH ', 'BeiJing '),
(30, 'SALES ', 'ShenZhen '),
(40, 'OPERATIONS ', 'FuJian ');
```

向 employee 表中插入数据,代码如下:

```
INSERT INTO employee
VALUES (1001, 'SMITH', 'm',20, 'CLERK',800,'2005 - 11 - 12'),
(1002, 'ALLEN', 'f',30, 'SALESMAN', 1600,'2003 - 05 - 12'),
(1003, 'WARD', 'f',30, 'SALESMAN', 1250,'2003 - 05 - 12');
```

步骤 3:在 employee 表中查询所有记录的 e_no、e_name 和 e_salary 字段值,语句如下:

```
SELECT e_no, e_name, e_salary;
```

步骤 4:在 employee 表中查询 dept_no 等于 10 和 20 的所有记录。

```
SELECT * FROM employee WHERE dept_no IN (10, 20);
```

步骤 5:在 employee 表中查询工资范围在 800~2500 元的员工信息。

```
SELECT * FROM employee WHERE e_salary BETWEEN 800 AND 2500;
```

步骤 6:在 employee 表中查询部门编号为 20 的部门中的员工信息。

```
SELECT * from employee WHERE dept_no = 20;
```

步骤 7:在 employee 表中查询每个部门工资最高的员工信息。

```
SELECT dept_no, MAX(e_salary) FROM employee GROUP BY dept_no;
```

步骤 8:查询员工 BLAKE 所在部门和部门所在地。

```
SELECT d_no, d_location FROM dept WHERE d_no =
(SELECT dept_no FROM employee WHERE e_name = 'BLAKE');
```

步骤 9:使用连接查询所有员工所在部门和部门信息。

```
SELECT e_no, e_name, dept_no, d_name,d_location
FROM employee, dept WHERE dept.d_no = employee.dept_no;
```

步骤 10：在 employee 表中计算每个部门各有多少名员工。

```
SELECT dept_no, COUNT( * ) FROM employee GROUP BY dept_no;
```

步骤 11：在 employee 表中计算不同类型员工的总工资数。

```
SELECT e_job, SUM(e_salary) FROM employee GROUP BY e_job;
```

步骤 12：在 employee 表中计算不同部门的平均工资。

```
SELECT dept_no, AVG(e_salary) FROM employee GROUP BY dept_no;
```

步骤 13：在 employee 表中查询工资低于 1500 元的员工信息。

```
SELECT * FROM employee WHERE e_salary < 1500;
```

步骤 14：在 employee 表中，将查询记录先按部门编号由高到低排列，再按员工工资由高到低排列。

```
SELECT e_name,dept_no, e_salary
FROM employee ORDER BY dept_no DESC, e_salary DESC;
```

步骤 15：在 employee 表中查询员工姓名以字母 A 或 S 开头的员工信息。

```
SELECT * FROM employee WHERE e_name REGEXP '^[as]';
```

步骤 16：在 employee 表中查询到目前为止工龄大于等于 10 年的员工信息。

```
SELECT * from employee where YEAR(CURDATE()) -YEAR(hireDate) >= 10;
```

2.2 在软件测试中的应用

创建数据表 info 和 mark。首先创建 info 表，代码如下：

```
CREATE TABLE info
编号      INT NOT NULL PRIMARY KEY AUTO_INCREMENT, //不能为空 主键 自动增加
姓名      VARCHAR(50),
地址      VARCHAR(100)
);
```

```
INSERT INTO info
VALUES (1, 'zhanglonglong', 'henan'),
(2, 'zhangjiupei', 'henan'),
(3, 'zhangzekun', 'beijing'),
(4, 'wangxue', 'shanxi'),
(5, 'yuyanhong', 'hebei'),
(6, 'pengxiaogang', 'henan');
mysql> desc 表名;              //查看表结构
mysql> select * from 表名;    //查看表中插入的数据
mysql> delete from pet;       //清空表的内容
```

执行结果如下：

编号	姓名	地址
1	张龙龙	河南
2	张久培	河南
3	张泽坤	北京
4	王学	陕西
5	于艳红	河北
6	彭小刚	河南

然后创建 mark 表，代码如下：

```
CREATE TABLE mark
(
学号           INT NOT NULL PRIMARY KEY,
姓名           VARCHAR(100) NOT NULL,
性别           CHAR(2) NOT NULL,
Linux 成绩     INT NOT NULL,
Mysql 成绩     INT NOT NULL,
CONSTRAINT     wjm FOREIGN KEY(学号) REFERENCES info(编号)
);                //设置外键
```

最后插入数据，代码如下：

```
INSERT INTO mark
VALUES (1, 'zhanglonglong', 'nan',60,87),
(2, 'zhangjiupei', 'nv',65,69),
(3, 'zhangzekun', 'nan',85,73),
(4, 'wangxue', 'nv',80,83),
(5, 'yuyanhong', 'nv',76,91),
(6, 'pengxiaogang', 'nan',90,86);
```

执行结果如下：

学号	姓名	性别	Linux 成绩	MySQL 成绩
1	张龙龙	男	60	87
2	张久培	女	65	69
3	张泽坤	男	85	73
4	王　学	女	80	83
5	于艳红	女	76	91
6	彭小刚	男	90	86

1）查询单表的指定字段

```
select 姓名,地址 from info
```

2）查询所有字段

```
select  *  from info
```

3）使用 where 子句对数据进行过滤

```
select  *  from info where 姓名 = 'zhanglonglong'
```

备注：where 可以使用大于、小于、等于等运算符。

4）带 in 关键字的查询

查询满足指定范围内的条件的记录。

【**例 2.22**】　查询编号为 3 和 5 的记录：

```
select * from info where 编号 in(3,5);
```

查询编号不为 3 和 5 的记录：

```
select * from info where 编号 not in(3,5);
```

5）使用 between… and… 查询

使用 between… and… 查询某个范围内的值，需要开始值和结束值。

【**例 2.23**】　查询编号 2～5 的记录：

```
select * from info where 编号 between 2 and 5;
```

查询编号不在 2～5 的记录：

```
select * from info where 编号 not  between 2 and 5;
```

6）like 的字符匹配查询

％匹配任意长度的字符，包括零字符；下画线一次只能匹配一个任意字符。

【例 2.24】 查找以 z 开头的姓名：

```
select * from info where 姓名 like 'z%';
select * from info where 姓名 like '%z%';      //包含 z 就可以
```

select 语法格式如图 2.1 所示。

使用SELECT子句进行多表查询

SELECT字段名FROM表1，表2 … WHERE 表1.字段=表2.字段AND其他查询条件

图 2.1 select 语法格式

7）查询空值

使用 is null 子句可以查询某字段内容为空的记录。

```
select * from info where 地址 is null;        //查询地址字段是否为空
select * from info where 地址 is not null;     //非空
```

8）带 and 的多条件查询

使用 and 连接两个或多个查询条件，多个条件表达式之间用 and 分开。

```
select * from mark where 学号>3 and Linux 成绩>75;
//查询编号大于 3 并且 Linux 成绩大于 75 的记录
mysql>select * from mark where 学号>3 and Linux 成绩>75 and Mysql 成绩>90;
```

备注：如果有 3 个条件，后面可以继续使用 and。

9）带 or 的多条件查询

只需要满足其中一个条件的记录即可返回，or 也可以连接两个或多个查询条件，多个条件之间可以用 or 分开。

```
select * from mark whereLinux 成绩>70 or MySQL 成绩>70;   //查询成绩大于 70 的记录
```

10）查询结果不重复

使用 distince 关键字消除重复的记录值。

```
select distinct 姓名,Linux 成绩 from mark;
```

11）对查询结果排序

使用 order by 子句。

单列排序：select Linux 成绩 from mark order by Linux 成绩；

多列排序：select 姓名,Linux 成绩 from mark order by 姓名,Linux 成绩；

多列排序时，如果第 1 列的值都是唯一的，不会对第 2 列排序，默认按照字母升序排序。

如果要指定排序方向(升或降)：

```
select 姓名,Linux 成绩 from mark order by Linux 成绩 DESC;
//使用 DESC 关键字按降序排列
select 姓名,Linux 成绩,MySQL 成绩  from mark order by Linux 成绩 DESC,MySQL 成绩;
//Linux 成绩按照降序排列,MySQL 按默认升序排列
```

如果需要降序排列，则必须在字段后添加 DESC 关键字，如果没有 DESC 字段，则默认按升序排列。

12）分组查询

使用 grour by 关键字对数据按照某个或多个字段进行分组。

```
select 编号,count( * ) as total from mark group by 编号;
//count 函数用于计算包含的数量
select 编号,count( * ) as total from mark group by 编号 with rollup;
//统计该列总和
select 性别,姓名 from mark group by 性别,姓名;
```

13）limit

limit 限制查询结果的数量，返回指定位置的记录。

```
select * from mark limit 4,1;  //偏移 4,从第 5 行开始显示 1 行
```

位移偏移量从 0 开始，即从表的首行开始偏移。

多表查询如图 2.2 所示。

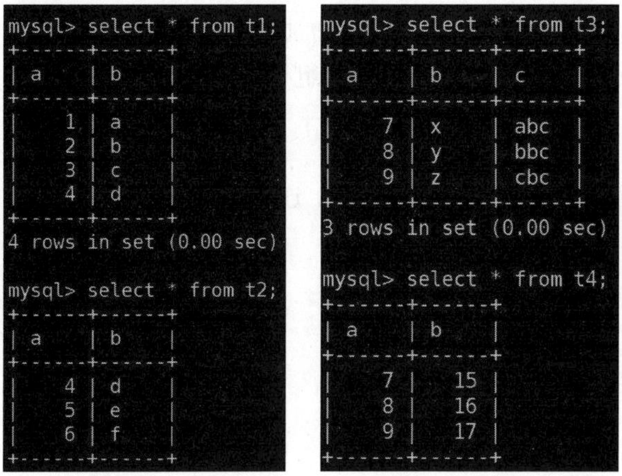

```
mysql> select * from t1;
+------+------+
| a    | b    |
+------+------+
|    1 | a    |
|    2 | b    |
|    3 | c    |
|    4 | d    |
+------+------+
4 rows in set (0.00 sec)

mysql> select * from t2;
+------+------+
| a    | b    |
+------+------+
|    4 | d    |
|    5 | e    |
|    6 | f    |
+------+------+

mysql> select * from t3;
+------+------+------+
| a    | b    | c    |
+------+------+------+
|    7 | x    | abc  |
|    8 | y    | bbc  |
|    9 | z    | cbc  |
+------+------+------+
3 rows in set (0.00 sec)

mysql> select * from t4;
+------+------+
| a    | b    |
+------+------+
|    7 |   15 |
|    8 |   16 |
|    9 |   17 |
+------+------+
```

图 2.2 多表查询

14）联合查询

将多次查询（多条 select 语句）在记录上进行拼接（字段不会增加），字段数必须严格一致，但与字段类型无关。

union 选项：all 保留所有（不管重复）；distinct 去重（记录完全重复），默认值。

一侧去重联合查询：

```
select * from t1 union select * from t2;
```

不去重联合查询：

```
select * from t1 union all select * from t2;
```

字段数目不同，联合不成功，t1 与 t3 不能联合；t1 与 t4 可以联合。

在相同数目字段中选出相同数目的列，并且字段的数据类型一致才可以联合成功：

```
select a,b from t1 union select b,a from t4;
//字段数目相同,选出相同数目的列,联合成功
```

15）连接查询

将多张表进行记录连接（按照某个指定的条件进行数据拼接），最终结果是记录数有可能变化，字段数一定会增加（至少两张表的合并）。连接查询用于在用户查看数据的时候避免需要显示的数据来自多张表。

连接查询：join,使用方式：左表　join　右表
左表：在 join 关键字左边的表
右表：在 join 关键字右边的表

16）交叉连接

cross join 从一张表中依次取出每一条记录，每条记录都到另外一张表进行连接，连接结果一定要全部保留，而连接本身字段就会增加，最终形成的结果就是笛卡儿积。笛卡儿积指包含两个集合中任意取出两个元素构成的组合的集合。基本语法如下：

左表　cross join 右表；　或　from 左表,右表；

交叉连接查询就是求出多个表的乘积，t1 连接 t2＝t1×t2。

```
select * from t1 cross join t2;
      或  select * from t1,t2;
```

笛卡儿积没有实际意义,尽量避免,如图 2.3 所示。

```
create table agan_1(
    -> sid char(6) primary key,
    -> sname varchar(20) not null,
    -> age tinyint,
    -> gender char(4)
-> )charset utf8;        //添加这个关键词可以插入中文
```

```
mysql> select * from my_st;
+-----+----------+------+--------+------+
| sid | sname    | age  | gender | c_id |
+-----+----------+------+--------+------+
| s-1 | 张无忌   |   19 | 男     |    2 |
| s-2 | 小昭     |   17 | 女     |    1 |
| s-3 | 周若     |   20 | 女     |    2 |
| s-4 | 宋青书   |   21 | 男     |    3 |
| s-6 | 赵敏     |   18 | 女     |    4 |
+-----+----------+------+--------+------+
5 rows in set (0.00 sec)

mysql> select * from my_cl;
+-----+---------+------+
| cid | cname   | room |
+-----+---------+------+
|   1 | linux01 | a322 |
|   2 | linux02 | a305 |
|   5 | linux03 | a122 |
+-----+---------+------+
3 rows in set (0.00 sec)
```

图 2.3　交叉连接示例

MySQL 的基本数据类型如下：

TINYINT 1 字节(−128,127)小整数值；

SMALLINT 2 字节(−32 768,32 767)大整数值；

MEDIUMINT 3 字节(−8388608,8388607)大整数值；

INT 或 INTEGER 4 字节(−2147483648,2147483647)大整数值；

BIGINT 8 字节(−9233372036854775808,9223372036854775807)极大整数值。

17) 内连接

[inner] join 从左表中取出每一条记录，去右表中与所有的记录进行匹配，匹配必须是某个条件在左表中与右表中相同最终才会保留结果，否则不保留。基本语法：

```
左表[inner] join 右表 on 左表.字段 = 右表.字段;
```

on 表示连接条件，条件字段表示相同的业务含义。

查出 c_id=cid 的记录：

```
select * from my_st inner join my_cl on c_id = cid;
```

在查询数据的时候，不同表如果有同名字段，这个时候需要加上表名才能区分，如果表名太长可以使用别名。

```
select * from my_st as s inner join my_cl as c on s.c_id = c.cid;
```

内连接可以没有连接条件：

```
select * from my_st inner join my_cl;
```

内连接还可以使用 where 代替 on 关键字，但 where 没有 on 效率高。

```
select * from my_st as s inner join my_cl as c where s.c_id = c.cid;
```

18）外连接

outer join 取出表里的所有记录，然后每条记录与另外一张表进行连接。不管能不能匹配上条件，最终都会保留。能匹配，正确保留；不能匹配，其他表的字段都置为空，即 NULL。

外连接分为两种：left join 为左外连接，以左表数据个数为主；right join 为右外连接，以右表数据个数为主。基本语法：

左表 left/right join 右表 on 左表.字段 = 右表.字段;

左连接：

```
select * from my_st as s left join my_cl as c on s.c_id = c.cid;
```

右连接：

```
select * from my_st as s right join my_cl as c on s.c_id = c.cid;
```

虽然左连接和右连接有主表差异，但是显示的结果左表数据在左边，右表数据在右边。

19）自然连接

natural join（自然连接）是自动匹配连接条件，系统以字段名作为匹配模式。同名字段作为条件，如果有多个同名字段都可以作为条件。自然连接分为自然内连接和自然外连接。自然连接自动使用同名字段作为连接条件，连接之后会合并同名字段。

自然内连接：

```
select * from my_st natural join my_cl;
```

自然外连接：

```
select * from my_st natural left join my_cl;
select * from my_st natural right join my_cl;
```

20) 子查询

sub query 查询是在某个查询结果之上进行的,也就是说一条 select 语句内部包含另外一条 select 语句。

(1) 按位置分类。

from 子查询:子查询跟在 from 之后;

where 子查询:子查询出现在 where 条件中;

exists 子查询:子查询出现在 exists 里面。

(2) 按结果分类:根据子查询得到的数据进行分类。

标量子查询:子查询得到的结果是一行一列;

列子查询:子查询得到的结果是一列多行;

行子查询:得到的结果是多列一行(多行多列)。

如上出现的位置都是在 where 之后。

表子查询:得到的结果是多行多列,出现的位置是在 from 之后。

【例 2.25】 标量子查询:已知班级名为 Linux02 班,获取该班的所有学生。

```
select * from my_st where c_id = (select cid from my_cl where cname = 'Linux02');
```

用连接知识,只显示成员姓名。

```
select sname from my_st join my_cl c on c_id = c.cid where cname = 'Linux02';
```

学生名为张无忌,找出他所在的班名。

```
select cname from my_cl where cid = (select c_id from my_st where sname = '张无忌');
```

【例 2.26】 列子查询:查询班级表中存在的班级。

```
select * from my_st where c_id in (select cid from my_cl);
```

列子查询需要使用 in 作为条件匹配,在 MySQL 中还有几个条件:

" = any"　　　　等价于 in

" = some"　　　等价于 any

" = all"　　　　等价于所有

```
select * from my_st where c_id = any(select cid from my_cl);
```

否定结果:

```
select * from my_st where c_id != all(select cid from my_cl);
```

【例 2.27】 列子查询：查询最大年龄的学生，返回的结果可以是多行多列。

```
select * from my_st where (age) = (select max(age) from my_st);
```

【例 2.28】 表子查询：from 子查询得到的结果作为 from 的数据源。

子查询返回的结果是多行多列的二维表，子查询返回的结果当作二维表来使用。

```
select * from my_st order by age desc;        //年龄按降序排列
select * from (select * from my_st order by age desc) as student group by age; //默认为升序
select * from (select * from my_st order by age desc) as student group by age desc; //降序排列
```

如果报 1055 的错误，输入如下语句：

```
SET sql_mode = (SELECT REPLACE(@@sql_mode, 'ONLY_FULL_GROUP_BY', ''));
```

【例 2.29】 exists 子查询：查询 2 班的所有学生。

exists 即是否存在的意思，查询用来判断某些条件是否满足（跨表），exists 是接在 where 之后的，返回的结果只有 0 或 1。

```
select * from my_st where  exists(select * from my_cl where c_id = 2);
```

2.3 MySQL 在企业中的应用

MySQL 在企业中应用最多的是增、删、改、查。

1. 基础操作

创建数据库：

```
CREATE DATABASE database - name
```

删除数据库：

```
drop database dbname
```

备份 sql server：首先创建备份数据的 device，然后开始备份。

```
USE master
EXEC sp_addumpdevice 'disk', 'testBack', 'c:\mssql7backup\MyNwind_1.dat'
BACKUP DATABASE pubs TO testBack
```

创建新表：

```
create table tabname(col1 type1 [not null] [primary key],col2 type2 [not null], … )
```

根据已有的表创建新表：

```
A: create table tab_new like tab_old (使用旧表创建新表)
B: create table tab_new as select col1,col2 … from tab_old definition only
```

删除新表：

```
drop table tabname
```

增加一个列：

```
Alter table tabname add column col type
```

注意：列增加后不能删除。DB2 中列加上后数据类型也不能改变，唯一能改变的是增加 varchar 类型的长度。

添加主键：

```
Alter table tabname add primary key(col)
```

删除主键：

```
Alter table tabname drop primary key(col)
```

创建索引：

```
create [unique] index idxname on tabname(col … .)
```

删除索引：

```
drop index idxname
```

注意：索引是不可更改的，想更改必须删除重新建。

创建视图：

```
create view viewname as select statement
```

删除视图：

```
drop view viewname
```

介绍几个基本的 SQL 语句：

选择：select * from table1 where 范围
插入：insert into table1(field1,field2) values(value1,value2)
删除：delete from table1 where 范围
更新：update table1 set field1 = value1 where 范围
查找：select * from table1 where field1 like '% value1 % '
排序：select * from table1 order by field1,field2 [desc]
总数：select count as totalcount from table1
求和：select sum(field1) as sumvalue from table1
平均：select avg(field1) as avgvalue from table1
最大：select max(field1) as maxvalue from table1
最小：select min(field1) as minvalue from table1

接下来介绍几个高级查询运算符。

(1) UNION 运算符：UNION 运算符通过组合其他两个结果表（TABLE1 和 TABLE2)并消除表中任何重复行而派生出一个结果表。当 ALL 随 UNION 一起使用时（即 UNION ALL），不消除重复行。这种情况下，派生表的每一行不是来自 TABLE1 就是来自 TABLE2。

(2) EXCEPT 运算符：EXCEPT 运算符通过包括所有在 TABLE1 中但不在 TABLE2 中的行并消除所有重复行而派生出一个结果表。当 ALL 随 EXCEPT 一起使用时（EXCEPT ALL），不消除重复行。

(3) INTERSECT 运算符：INTERSECT 运算符通过只包括 TABLE1 和 TABLE2 中都有的行并消除所有重复行而派生出一个结果表。当 ALL 随 INTERSECT 一起使用时（INTERSECT ALL），不消除重复行。

注意：使用运算符的几个查询结果行必须是一致的。

使用外连接：

A: left (outer) join:

左外连接（左连接）：结果集既包括连接表的匹配行，也包括左连接表的所有行。

SQL: select a.a, a.b, a.c, b.c, b.d, b.f from a LEFT OUT JOIN b ON a.a = b.c

右外连接（右连接）：结果集既包括连接表的匹配连接行，也包括右连接表的所有行。

B: right (outer) join:

全外连接：不仅包括符号连接表的匹配行，还包括两个连接表中的所有记录。

C: full/cross (outer) join:

group by用于分组,一张表一旦分完组后,查询后只能得到组相关的信息。组相关的信息有 count、sum、max、min、avg。在 SQLServer 中分组时不能以 text、ntext、image 类型的字段作为分组依据。在 selecte 统计函数中的字段,不能和普通的字段放在一起。

对数据库进行操作主要有两种方法:第一种是分离数据库 sp_detach_db;第二种是附加数据库 sp_attach_db,后接表名,附加需要完整的路径名。

修改数据库的名称:

```
sp_renamedb 'old_name','new_name'
```

数据库在面试过程通常有三轮面试,侧重技术点如下:

(1)笔试:第一种形式是给 3 个表或 5 个表,但 5 个表出现的情况比较少,让应聘者判定 3 个表之间的关系,分析数据后,抛出问题,问题大部分是以多表查询和子查询为主,联接查询(左联接、右联接、自联接)也常出现;第二种形式是给出一段写好的 SQL 语句,让应聘者写出查询的结果数据。

(2)电话面试:一般会问语法或者函数,例如查询语句的语法,需要应聘者准确地说出 select 查询语句等的标准写法。注意发音要准确。电话面试主要考查你是否会 SQL,会到什么程度,在项目当中是否接触过后台数据库操作语句。然后面试官会进一步地判断,你是否接触过后端测试,是否做过数据分析。

(3)现场面试:面试官有可能会让你现场去写语句,如果你觉得自己的字不太好看,可以练习一下,现场考得不会太难,增、删、改、查语法和简单案例要明明白白地写出来,聚合函数 sum、avg、min、max、count 要顺利写出来,以及 having 与 group by 如何使用。

第 3 章

软件测试核心理论

3.1 软件测试周期

软件测试生命周期(STLC)指测试流程,这个流程按照一定顺序执行一系列特定的步骤,以保证产品质量符合需求。

STLC 的 8 个阶段:需求阶段(Requirements phase)、计划阶段(Planning phase)、分析阶段(Analysis phase)、设计阶段(Design phase)、实施阶段(Implementation phase)、执行阶段(Execution phase)、总结阶段(Conclusion phase)和结束阶段(Closure phase)。

(1)需求阶段:这个阶段是分析和学习需求的阶段,与其他团队一起头脑风暴,努力查找需求是不是可测的。这个阶段帮助辨认测试的范围。如果某些功能是不可测试的,及时沟通,做出一些减轻策略(减小风险)的计划。

(2)计划阶段:在实际场景中,测试计划是测试流程的第一步。这个阶段辨别哪些活动和资源能匹配测试目标。我们努力去辨别测试指标、测试方法及如何追踪这些指标,需求只是一种基础,然而还有其他两方面的因素影响测试计划——组织的测试策略及风险分析/风险管理。

(3)分析阶段:这个阶段通过需求文档、产品风险和其他测试依据辨别测试条件。例如一个电子商务网站有一个测试条件为"用户应该可以支付",你可以详细地描述为"用户应该可以通过信用卡、微信、支付宝等支付"。把详细的测试条件写下来最大的好处是可以提高测试覆盖率,因为测试用例就是通过这些测试条件写的。

(4)设计阶段:这个阶段包括以下任务:第一,详述测试条件,拆分测试条件为多个子条件提高覆盖率;第二,辨别和获取测试数据;第三,辨别和搭建测试环境;第四,创建需求跟踪指标;第五,创建测试覆盖指标。

(5)实施阶段:这个阶段最主要的任务是创建详细的测试用例,测试用例的优先级及哪些用例会成为回归测试的一部分。在最终决定测试用例之前,审核测试用例的正确性是非常重要的。

(6)执行阶段:从名字可以知道,这个阶段是 STLC 的真正执行阶段。但在执行之前需确保你的标准是和需求匹配的。执行测试用例,如果有任何不匹配报 Bug,同时填写追踪指标去跟踪你的进度。

（7）总结阶段：这个阶段聚焦在检验标准和报告。依赖你的项目和干系人选择，能决定是发日报还是周报等。你可以发送不同的报告类型（日报、周报），但重点是报告的内容是根据发送对象的不同而变化的。如果项目经理属于测试背景的，那么他们对技术方面更感兴趣，因此在报告中可以包含技术方面的内容（用例的 pass 个数、fail 个数、Bug 个数、严重Bug 等）。但是如果你向更高层的干系人报告，他们可能对技术方面不感兴趣，那么可以给他们发送一些风险相关的，例如通过测试减轻风险的发生。

（8）结束阶段：这个阶段的任务包括检查测试的完成度、是否执行所有的用例还是有意减轻一些、检查是否还有 Bug、经验总结会议及书写相关文档，包括哪些做得好，哪些需要提高和如何提高。

3.2　软件测试方法

软件测试的方法如图 3.1 所示。

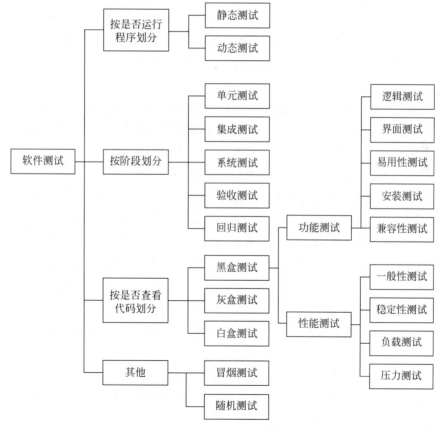

图 3.1　软件测试分类图

静态测试：指不运行被测程序本身，仅通过分析或检查源程序的语法、结构、过程、接口等来检查程序的正确性。对需求规格说明书、软件设计说明书、源程序做结构分析、流程图分析、符号执行来找错。静态方法通过程序静态特性的分析，找出欠缺和可疑之处，例如不匹配的参数、不适当的循环嵌套和分支嵌套、不允许的递归、未使用过的变量、空指针的引用和可疑的计算等。

动态测试：指通过运行被测程序检查运行结果与预期结果的差异，并分析运行效率和健壮性等性能，这种方法由 3 部分组成：构造测试实例、执行程序、分析程序的输出结果。

单元测试：主要测试软件模块的源代码，一般由开发人员而非独立测试人员来执行，因为测试者需要懂得该单元的设计与程序实现。

集成测试：将一些"构件"集成在一起时，测试它们能否正常运行。这里的"构件"可以是程序模块、多个单元测试的组合、客户机/服务器程序等。

系统测试：测试软件系统是否符合所有需求，包括功能性需求与非功能性需求。一般由独立测试人员执行，通常采用黑盒测试方式。

验收测试：由客户或最终用户执行，测试软件系统是否符合需求规格说明书。

回归测试：指对某些已经被测试过的内容进行重新测试。每当软件增加了新的功能，或者软件中的缺陷被修正，这些变更都有可能影响软件原有的功能和结构。为了防止因软件变更产生无法预料的副作用，不仅要对新内容进行测试，还要对某些老内容进行回归测试。

黑盒测试：也称功能测试，它是通过测试来检测每个功能是否都能正常使用。在测试中，把程序看作一个不能打开的黑盒子，在完全不考虑程序内部结构和内部特性的情况下，在程序接口进行测试。它只检查程序功能是否按照需求规格说明书的规定正常使用，程序是否能适当地接收输入数据并产生正确的输出信息。

灰盒测试：介于白盒测试与黑盒测试之间，可以这样理解，灰盒测试关注输出对于输入的正确性，同时也关注内部表现，但这种关注不像白盒那样详细、完整，只是通过一些表征性的现象、事件、标志来判断内部的运行状态，有时候输出是正确的，但内部其实是错误的，这种情况非常多，如果每次都通过白盒测试来操作，效率很低，因此需要采取这样的一种灰盒测试的方法。

白盒测试：结构测试，基于软件内部设计和程序实现的测试方式。白盒测试的覆盖标准有逻辑覆盖、循环覆盖和基本路径测试。其中逻辑覆盖包括语句覆盖、判定覆盖、条件覆盖、判定/条件覆盖、条件组合覆盖和路径覆盖。

冒烟测试：指完成一个新版本的开发后，对该版本最基本的功能进行测试，保证基本的功能和流程能走通。如果测试不通过，则返回开发部门重新开发；如果测试通过了，进行下一步的测试（功能测试、集成测试、系统测试等）。

随机测试：是根据测试说明书执行用例测试的重要补充手段，是保证测试覆盖完整性的有效方式和过程。随机测试主要对被测软件的一些重要功能进行复测,也包括那些当前测试用例(Test case)没有覆盖到的部分。

黑盒测试包括功能测试和性能测试。功能测试有以下几方面:

(1) 逻辑测试。

(2) 界面测试:界面测试指测试用户界面的风格是否满足客户要求,文字是否正确,页面是否美观,文字、图片组合是否完美,操作是否友好等。UI测试的目标是确保用户界面为用户提供相应的访问或浏览功能,确保用户界面符合公司或行业的标准,包括用户友好性、人性化、易操作性测试。

(3) 易用性测试。

(4) 安装测试:测试软件在全部、部分、升级等状况下的安装/反安装过程。

(5) 兼容性测试。

性能测试有以下几方面:

(1) 一般性测试。

(2) 稳定性测试。

(3) 负载测试(Load testing):通过测试系统在资源超负荷情况下的表现,以发现设计上的错误或验证系统的负载能力。在这种测试中,测试对象将承担不同的工作量,以评测和评估测试对象在不同工作量条件下的性能行为,以及持续正常运行的能力。

(4) 压力测试:压力测试是对系统不断施加压力的测试,通过确定一个系统的瓶颈或者不能接收的性能点来获得系统能提供的最大服务级别的测试。压力测试在计算机数量较少或系统资源匮乏的条件下运行测试。通常要进行软件压力测试的资源包括内部内存、CPU可用性、磁盘空间和网络带宽,目的是了解AUT(被测应用程序)一般能够承受的压力、同时能够承受的用户访问量(容量),以及最多支持多少用户同时访问某个功能。

3.3　功能测试流程

功能测试的流程分为以下几方面:

(1) 检查被测系统的所有功能是否满足需求中的描述。

(2) 验证需求规格说明书中的功能是否100%覆盖。

(3) 识别特殊情况,例如出错处理流程、错误提示是否合理等。

(4) 检查用户界面是否符合窗口程序的标准,界面操作是否简便直观。

兼容性测试主要检测系统在不同版本的浏览器IE 6.0和IE 7.0下,是否可以实现所有软件功能。

安全性测试首先根据需求说明检查系统是否达到安全性要求；其次检测数据库的密码是否经过加密。

文档测试主要检查文档的正确性和完整性、内容是否与系统本身相符，以及根据相关操作与维护手册用户能完成操作、使用和维护本系统。

【例 3.1】 支付功能怎样测试？

从功能方面考虑有以下几点。

（1）用户的使用场景：包括正常完成支付的流程、支付中断后继续支付的流程、支付中断后结束支付的流程、单订单支付的流程、多订单合并支付的流程。除此之外，还包括余额不足、未绑定银行卡、密码错误、密码错误次数过多、找人代付、弱网状态下、连续单击支付功能会不会支付多次、分期付款等。

（2）不同终端上支付：包括 PC 端的支付、笔记本电脑的支付、平板电脑的支付、手机端的支付等。

（3）不同的支付方式：银行卡网银支付、支付宝支付、微信支付等。

（4）产品容错性：包括支付失败后能否再次支付、能否退款。

3.4　性能测试流程

性能测试流程分为 5 个阶段，分别是需求调研阶段→测试准备阶段→测试执行阶段→测试报告阶段→测试总结阶段。

需求调研阶段分为两个步骤进行，即需求调研和需求分析。该工作是性能测试必需的工作环节。

测试准备阶段是性能测试工作中的重要阶段。在准备阶段，需要完成业务模型到测试模型的构建、性能测试实施方案的编写、测试环境的准备、性能测试案例设计、性能测试监控方案设计、性能测试脚本及相关测试数据的准备，并在上述相关准备活动结束后按照测试计划进行准入检查。重点关注测试模型构建、方案设计、案例设计、数据准备等。

测试执行阶段是执行测试案例，获得系统处理能力指标数据，发现性能测试缺陷的阶段。测试执行期间借助测试工具执行测试场景或测试脚本，同时配合各类监控工具。执行结束后统一收集各种结果数据进行分析。根据需要，测试执行阶段可进行系统的调优和回归测试。重点关注结果记录、测试监控、结果分析。

测试执行工作结束后开始撰写性能测试报告。性能测试报告在发布前需要进行评审。

性能测试的总结工作主要对该任务的测试过程和测试技术进行总结。性能测试工作进入总结阶段，也意味着性能测试工作临近结束。在这个阶段，如果时间允许，应将所有的重要测试资产进行归档保存。

【例 3.2】 支付模块的性能怎样测试？

（1）从性能方面考虑：多个用户并发支付能否成功及支付的响应时间。

（2）从安全性方面考虑：是否有使用 Fiddler 拦截订单信息，并修改订单金额，或者修改订单号的情况，是否防止 SQL 注入、XSS 攻击（跨站脚本攻击）。

（3）从用户体验方面考虑：是否支持快捷键功能；单击付款按钮，是否有提示；取消付款，是否有提示；UI 界面是否整洁；输入框是否对齐，大小是否适中等。

【例 3.3】　做性能测试需要关注哪些指标？

（1）从用户角度出发，开发软件的目的是让用户使用，首先站在用户的角度分析一下需要关注哪些性能。对于用户来说，从单击一个按钮、链接或发出一条指令开始，到系统把结果以用户能感知的形式展现出来为止，这个过程所消耗的时间是用户对这个软件性能的直观印象，也就是我们所说的响应时间。当响应时间较小时，用户体验是很好的，当然用户体验的响应时间也包括个人主观因素和客观响应时间，在设计软件时，我们就需要考虑如何更好地结合这两部分达到用户的最佳体验。例如用户在大数据量查询时，我们可以将先提取出来的数据展示给用户，在用户看的过程中继续进行数据检索，这时用户并不知道后台在做什么。简单地说，用户最关注的其实就是其操作的响应时间。

（2）站在管理员的角度考虑需要关注的性能点：

① 响应时间、吞吐量；

② 服务器资源使用情况是否合理；

③ 应用服务器和数据库资源使用是否合理；

④ 系统能否实现扩展；

⑤ 系统最多支持多少用户访问、系统最大业务处理量是多少；

⑥ 系统性能可能存在的瓶颈在哪里；

⑦ 更换哪些设备可以提高性能；

⑧ 系统能否支持 7×24h 的业务访问。

（3）站在开发（设计）人员的角度去考虑：

① 架构设计是否合理；

② 数据库设计是否合理；

③ 代码是否存在性能方面的问题；

④ 系统中是否有不合理的内存使用方式；

⑤ 系统中是否存在不合理的线程同步方式；

⑥ 系统中是否存在不合理的资源竞争。

（4）站在测试工程师的角度考虑：从用户、管理员、开发者的角度总结了关注的性能指标之后，笔者最终认为对于测试工程师来说，他们在做性能测试的时候主要应该关注的测试指标是：

① 连接超时,这个是 App 关闭的首要问题,而在移动应用中网络错误数据比例报错中最高的就是连接超时错误;

② 崩溃,这个已无须多言,App 的崩溃就是用户的崩溃;

③ 系统交互(电话短信干扰、低电量提醒、push 提醒、USB 数据线插拔提醒、充电提醒等)在 App 使用过程中可能会遇到各种中断场景,一旦发生这些场景,App 就会卡死或者闪退,想必也没有多少用户愿意持续使用这样的 App;

④ 弱网下的运行情况,电梯里、地铁上当网络信号差时,App 页面转不停,界面卡死,同时错误提示一堆,这样的情况怎能不让用户抓狂?

⑤ 内存使用问题、CPU 使用问题,CPU 频率设置过高时会导致过热,过热导致耗电更严重;CPU 频率设置过低会导致手机滞后,应用处理缓慢同样会导致耗电。

3.5　测试计划内容

测试计划工作的目的是什么? 测试计划文档的内容应该包括什么? 其中哪些是最重要的?

软件测试计划是指导测试过程的纲领性文件,主要目的有以下 3 点:

(1) 领导能够根据测试计划进行宏观调控,进行相应资源配置等。

(2) 测试人员能够了解整个项目测试情况,以及项目测试不同阶段所要进行的工作等。

(3) 便于其他人员了解测试人员的工作内容,进行相关配合工作。

测试计划文档包含产品概述、测试策略、测试方法、测试区域、测试配置、测试周期、测试资源、测试交流、风险分析等内容。借助软件测试计划文档,参与测试的项目成员,尤其是测试管理人员可以明确测试任务和测试方法,保持测试实施过程的顺畅沟通,跟踪和控制测试进度,应对测试过程中的各种变更。

测试计划编写 6 要素(5W1H):

Why:为什么要进行这些测试;

What:测试哪些方面,不同阶段的工作内容;

When:测试不同阶段的起止时间;

Where:相应文档,缺陷的存放位置,测试环境等;

Who:项目有关人员组成,安排哪些测试人员进行测试;

How:如何去做,使用哪些测试工具及测试方法进行测试。

测试计划和测试详细规格、测试用例之间是战略和战术的关系,测试计划主要从宏观上规划测试活动的范围、方法和资源配置,而测试详细规格、测试用例是完成测试任务的具体战术,所以其中最重要的是测试策略和测试方法(最好能先评审)。

测试计划包括目的、背景、项目简介、测试范围、测试策略、人员分工、资源要求、进度计划、参考文档、常用术语、提交文档、风险分析等内容。

3.6 测试报告内容

测试报告主要包括测试模块,每个模块里需要记录测试的开始时间、结束时间、设计多少用例、通过多少、失败多少、有多少 Bug、遗留多少 Bug、解决多少 Bug,最后对这个模块进行总结。

3.7 测试用例设计

测试用例要素分别是功能所属模块、功能点、测试内容、测试点、表单字段、执行案例数据、预期结果、测试结果数据、测试结论、复测结果、问题描述、备注、测试人、测试开始时间、测试结束时间。

测试用例模板如图 3.2 所示。

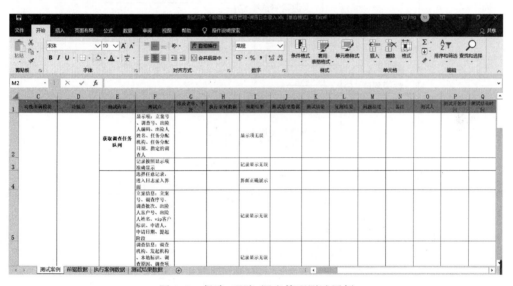

图 3.2 保险、理赔、调查管理测试用例

3.8 接口测试流程

接口测试流程如图 3.3 所示。

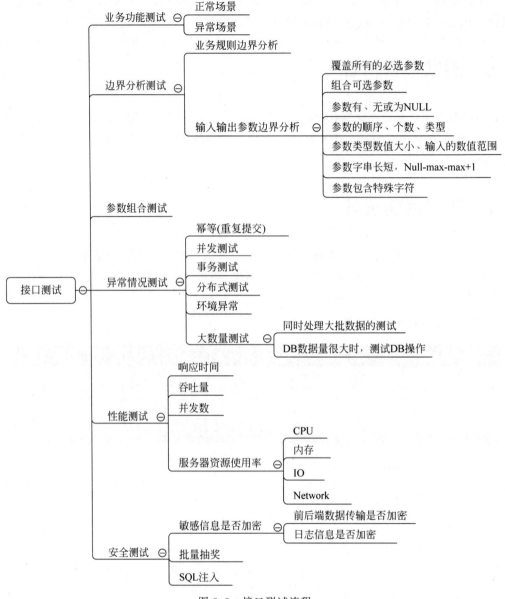

图 3.3　接口测试流程

3.9　软件需求分析

软件需求包括 3 个不同的层次：业务需求、用户需求和功能需求(也包括非功能需求)。

(1) 业务需求(Business requirement)反映了组织机构或客户对系统、产品高层次的目标要求,在项目视图与范围文档中予以说明。

（2）用户需求（User requirement）文档描述了用户使用产品时必须要完成的任务，在使用实例（Usecase）文档或方案脚本文档中予以说明。

（3）功能需求（Functional requirement）定义了开发人员必须实现的软件功能，使用户能完成他们的任务，从而满足业务需求。在软件需求规格说明书（SRS）中写明的功能需求充分描述了软件系统所应具有的外部行为。软件需求规格说明书在开发、测试、质量保证、项目管理及相关项目功能中都起到重要的作用。对一个大型系统来说，软件功能需求也许只是系统需求的一个子集，因为另外一些可能属于子系统（或软件部件）。

3.10　软件测试的重要理论

【例 3.4】　如何测试一个纸杯？

功能度：用杯子装水看漏不漏，水能不能被喝到；

安全性：杯子有没有毒或细菌；

可靠性：杯子从不同高度落下的损坏程度；

可移植性：杯子在不同的地方、温度等环境下是否都可以正常使用；

兼容性：杯子是否能够容纳果汁、白水、酒精、汽油；

易用性：装上热水时杯子是否烫手，是否有防滑措施、是否方便饮用；

用户文档：使用手册是否对杯子的用法、限制、使用条件等有详细描述；

疲劳测试：将杯子盛上水（案例一）放 24h 检查泄漏时间和情况；盛上汽油放 24h 检查泄漏时间和情况；

压力测试：用根针并在针上面不断加压力，看压强多大时杯子会穿透。

【例 3.5】　如何测试一个网站？

① 查找需求说明、网站设计等相关文档，分析测试需求，制订测试计划，确定测试范围和测试策略，一般包括以下几个部分：功能性测试、界面测试、性能测试、数据库测试、安全性测试、兼容性测试。

② 设计测试用例。

③ 实施功能性测试，测试链接是否正确跳转、是否存在空页面和无效页面、是否有不正确的出错信息返回，多媒体元素是否可以正确加载和显示，多语言支持是否能够正确显示选择的语言。

④ 界面测试包括但不限于几个方面：第一，页面是否风格统一、美观；第二，页面布局是否合理，重点内容和热点内容是否突出；第三，控件是否可以正常使用；第四，对于必须但未安装的控件，是否提供自动下载并安装功能文字检查。

⑤ 性能测试一般从 3 个方面考虑：压力测试、负载测试和强度测试。

⑥ 数据库测试要具体分析是否需要开展，数据库测试一般需要考虑连接性、对数据的存取操作、数据内容的验证等方面。

⑦ 安全性测试包括基本的登录功能检查；是否存在溢出错误，导致系统崩溃或者权限

泄露；相关开发语言的常见安全性问题检查，例如 SQL 注入等；如果需要高级的安全性测试，确定获得专业安全公司的帮助。

⑧ 兼容性测试根据需求说明的内容确定支持的平台组合：浏览器的兼容性、操作系统的兼容性和软件平台的兼容性。

⑨ 数据库的兼容性测试需合理地安排、调整测试进度，提前获取测试所需的资源，建立管理体系（例如需求变更、风险、配置、测试文档、缺陷报告、人力资源等），并定期评审，对测试进行评估和总结，调整测试的内容。

在软件测试技术面试过程中，面试官最想知道的是你的软件测试技术在项目中的应用，是如何分析需求的，案例是如何写的。对于这些问题，如何把所学的知识灵活应用，并对答如流呢？

（1）我们需要对软件测试行业的业务领域有所了解，先分析一下软件测试技术的灵活应用。等价类与边界值法一般是结合使用的，可以应用在功能测试里的数据用例设计，也可以应用在单元测试里的数据用例设计。因果图法与判定表法是结合使用的，是编写测试用例最全面的设计方法，因果图法设计好后的案例，有的可能是无效的，这个时候需要使用判定表法进一步筛选出第一轮有效的可测用例。场景法一般应用在业务流比较清楚或是比较长的业务操作类场景，例如银行案例设计应用最多的就是场景法。

（2）测试技术学起来比较容易，只要理解力够好，写出简单的测试用例是没有问题的，但是公司要的可不是一位只会写简单测试用例的工程师，要的是你是否具备把简单问题复杂化的测试能力。例如百度的输入框测试点是什么？一个纸杯如何测试？测试案例编写最大的难点是什么？这些没有统一的答案，因为每个人的思路不一样，对 Bug 的敏感度也不一样，写出来的案例多少条也不一样。但是有一个统一的覆盖标准，就是你写的案例要100％覆盖需求才可以通过评审。所以要对测试的对象进行全面的需求分析，从内容测试、性能、用户体验、界面及功能安全去展开测试要点，也就是检查点要一个一个说出来。大部分应聘者通常只说了一种，也就是内容测试，忽略了其他方面。有的读者可能问，这个需求不明确怎么办？我可以问面试官么？这也是面试官要考查你的地方，也就是你是否具备找寻隐藏需求的能力。

第4章 常用工具企业案例

4.1 Fiddler 工具的用途与企业应用案例

4.1.1 HTTPS 在企业中的应用

解密 HTTPS 流量盒、箱(子)。单击"工具"→Fiddler Options→HTTPS,勾选 Decrypt HTTPS traffic,然后单击 OK 按钮,如图 4.1 所示。

图 4.1 Fidder Option 设置

屏幕弹出如图 4.2 所示的窗口,此处需跳过特定主机的流量解密,单击 Yes 按钮。

屏幕弹出如图 4.3 所示的窗口,单击"是"按钮。

单击"工具"→Fiddler Options→HTTPS,勾选 Decrypt HTTPS traffic,然后单击 OK 按钮,勾选 Use widcards,然后单击 OK 按钮,如图 4.4 所示。

HTTPS 设置完成,如图 4.5 所示。

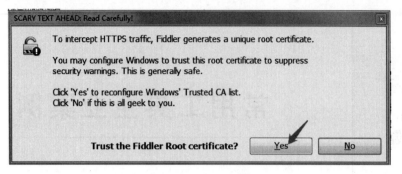

图 4.2　流量解密框

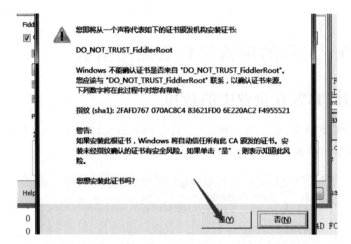

图 4.3　选项确定框

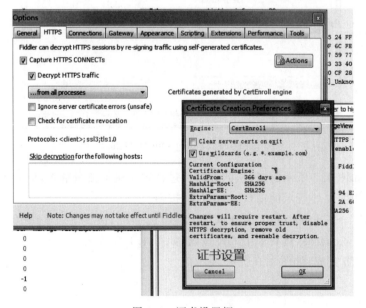

图 4.4　证书设置框

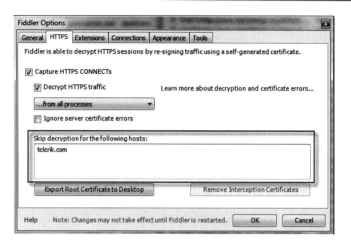

图 4.5　HTTP 设置

4.1.2　编码工具使用

编码工具框如图 4.6 所示。

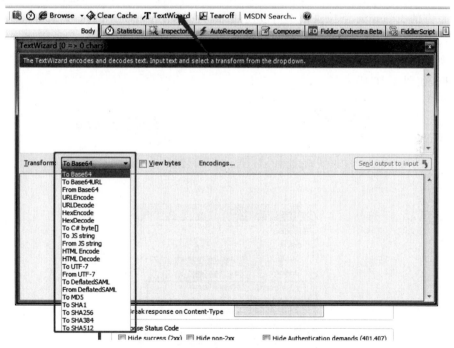

图 4.6　编码工具框

4.1.3　查找过滤

在打开的 Find Sessions 窗口中输入指定的文本可进行搜索,如图 4.7 所示。

图 4.7 过滤条件框

Options 中可选择 Search 和 Exanine。单击 Search 选择 Reguests and responses,如图 4.8 所示。

Search 默认为 Requests and responses,即请求和响应都在搜索范围内。Requests only 只搜索请求,Responses only 只搜索响应,URLs only 只搜索 URL。当选择 URLs only 时,Search 下方的 Examine 下拉菜单不可以使用,因为 URL 没有 Headers 和 Bodies。

单击 Examine 的下拉菜单,当选择搜索请求/响应时,可以选择只搜索 Headers and bodies,如图 4.9 所示。默认是 Headers 和 Bodies 都搜索,范围选定后,Fiddler 还提供了一组复选框,如图 4.10 所示。

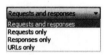

图 4.8 选择 Options

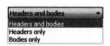

图 4.9 Examine 选择框

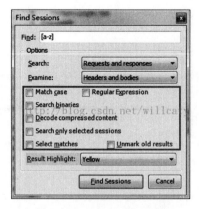

图 4.10 Find Sessions 框

Match case：大小写敏感。

Regular Expression：使用正则表达式。

Search binaries：二进制搜索，例如音频、视频、Flash 对象等。

Decode compressed content：解码压缩内容，返回的 body 是 encoded 的，将所有的 Responses decode 后搜索，比较耗时。

Search only selected sessions：只搜索选中的回话。选中多个 Sessions 会默认激活。

Select matches：选择匹配。选中符合条件的搜索结果。

Unmark old results：取消标记旧的搜索结果。

Result Highlight：结果高亮显示。当不勾选 Unmark old results 时，每次搜索的结果会在 Unmark old results 循环中使用不同的颜色作为背景高亮显示。

4.1.4　会话过滤

会话过滤框如图 4.11 所示。

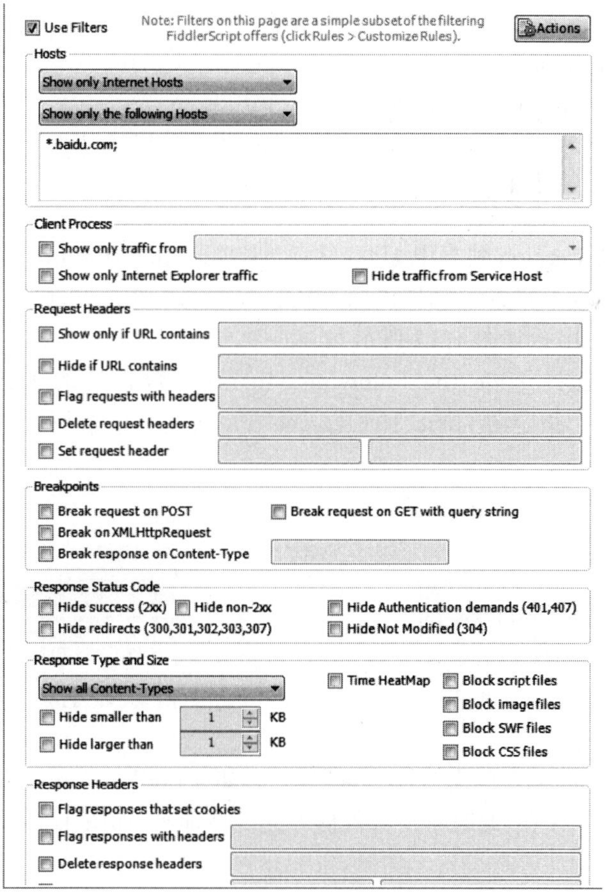

图 4.11　会话过滤框

4.1.5 模块

当勾选 Use Filters 时,Filters 才开始工作,否则 Filters 中的设置内容无效。
Actions 菜单如图 4.12 所示。

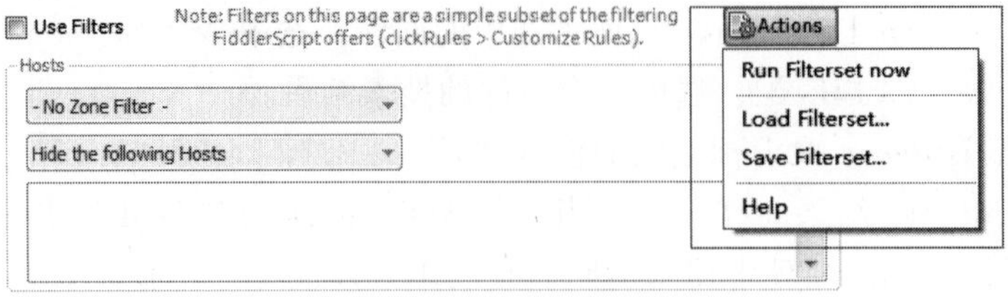

图 4.12　Actions 菜单

Run Filterset now：根据设置过滤已存在的 Session 列表。

Load Filterset：打开本地 Filter 配置文件。

Save Filterset：保存当前配置到本地。

Help：打开官方帮助文档。

注意：Filter 配置后是即时生效的。

4.1.6 Hosts 主机

Hosts 提供过滤 Session 列表中 Host 字段的功能。在 No Zone Filter 下拉菜单中可以选择 Show only Intranet Hosts(抓取内网流)或 Show only Internet Hosts(抓取互联网流)等。选择 No Zone Filter,如图 4.13 所示。

此时 Hosts 可选择 Hide the following Hosts(隐藏指定的 Host)、Show only the following Hosts (显示指定的 Host)和 Flag the following Hosts(标志指定的 Host)等,如图 4.14 所示。

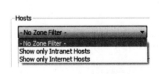

图 4.13　Hosts 主机选择

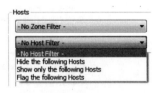

图 4.14　Hosts 主机选择

Host Filter 下方的输入框支持输入通配符 ∗ ,如 ∗ fiddler. com。当输入框背景为黄色时,表示输入框内容未保存,此时单击输入框外的区域即可,如图 4.15 所示。

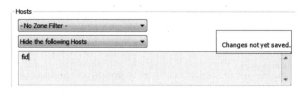

图 4.15　Host 选项卡

4.1.7　Client Process

客户端进程过滤指定进程数据流如图 4.16 所示。

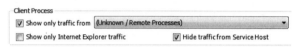

图 4.16　Client Process 选项卡

Show only traffic from：只显示指定的进程数据流。下拉列选框显示的是当前正在运行的进程。

Hide traffic from Service Host：隐藏进程中 svchost.exe 的数据流。

4.1.8　Request Headers

Request Headers 可显示、隐藏、标志、删除、设置指定数据，如图 4.17 所示。

图 4.17　Request Header 选项卡

Show only if URL contains：显示符合要求的 URL 数据流。

Hide if URL contains：隐藏指定的 URL。

Flag requests with headers：加粗显示包含指定请求头的 Session。

Delete request headers：指定某个 HTTP 请求头名称，如果请求中包含该请求，则删除这个请求头，如图 4.18 和图 4.19 所示。

得到的结果如图 4.20 所示。

Set request header：创建一个指定了名称和取值的请求头，或变更指定请求头的取值，如图 4.21 和图 4.22 所示。

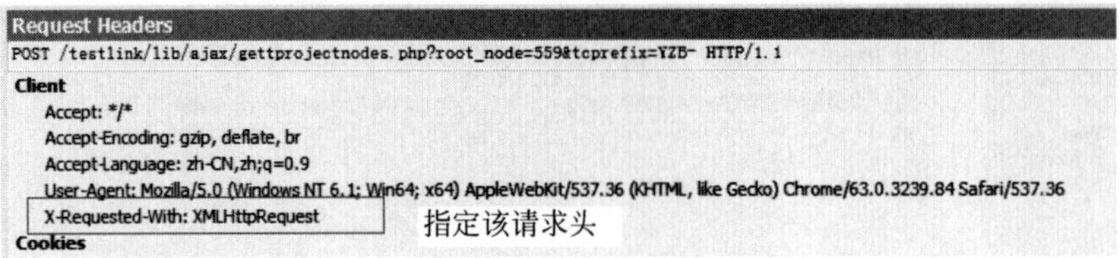

图 4.18 Delete request headers 具体指定项

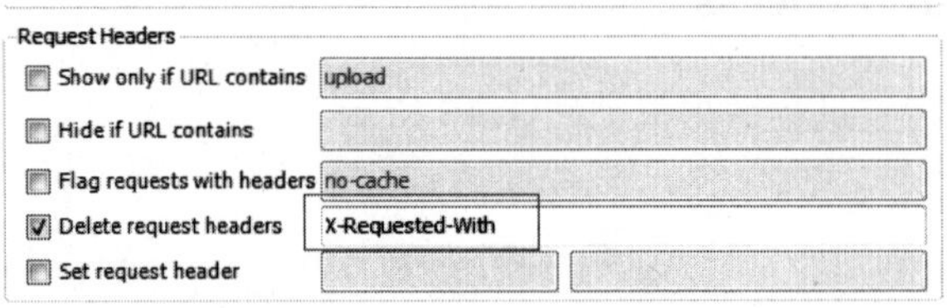

图 4.19 Request Headers 选项卡

图 4.20 删除指定请求头的结果

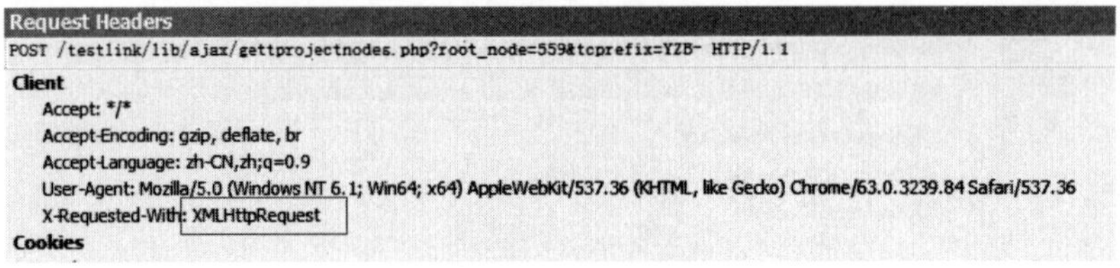

图 4.21 Set request header 具体指定项

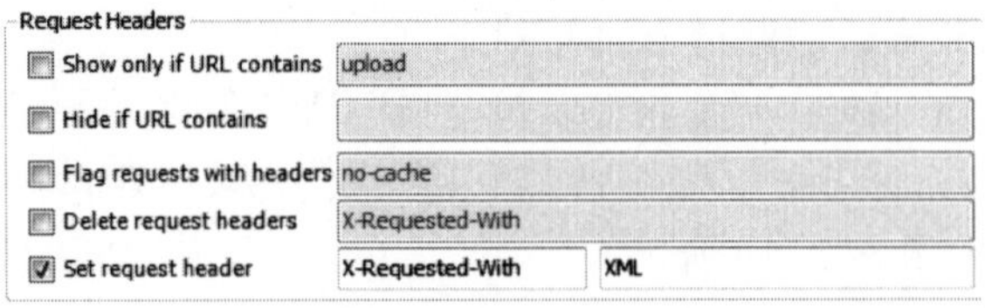

图 4.22 Request Headers 选项卡

得到的结果如图 4.23 所示。

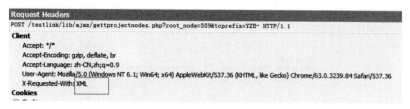

图 4.23　变更指定请求头的结果

4.1.9　Breakpoints

为符合要求需设置断点,如图 4.24 所示。

图 4.24　Breakpoints 选项卡

Break request on GET with query string:为所有 GET 方法并且 URL 中包含了查询字符串的请求设置断点。

这里普及一下 HTTP 的 URL 格式一般为

< scheme >://< user >:< password >@< host >:< port >/< path >;< params >?< query >#< frag >

查询字符串指的是包含(? < query >)。

Break response on Content-Type:为响应头中 Content-Type 包含了指定文本的响应设置响应断点,如图 4.25 和图 4.26 所示。

图 4.25　Response Headers

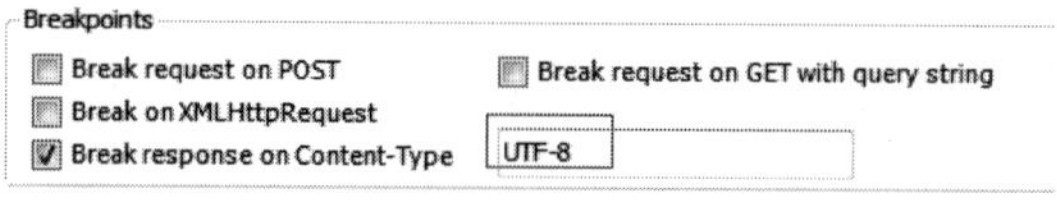

图 4.26　设置响应断点

4.1.10　Response Status Code

过滤指定响应状态码的 Session 如图 4.27 所示。

图 4.27　Response Status Code

4.1.11　Response Type and Size

过滤或阻塞(返回 404 响应)指定响应如图 4.28 所示。

图 4.28　Response Type and Size

如图 4.29 所示,①是针对响应中的 Content-Type;②是针对 Timer(服务器返回给定响应所需要的时间);③是针对响应中的 Content-Length。

①　　　　　　　②　　　　　③

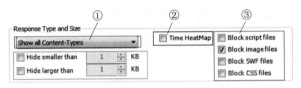

图 4.29　Response Type and Size 的各项功能

4.1.12　Response Headers

Request Headers 选项卡如图 4.30 所示。

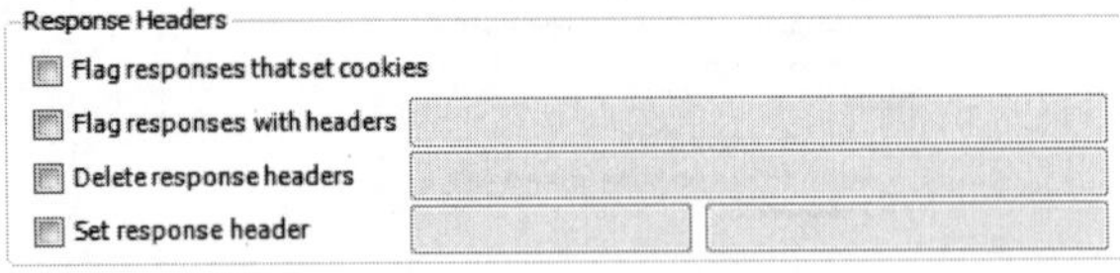

Response Headers
- [ ] Flag responses that set cookies
- [ ] Flag responses with headers
- [ ] Delete response headers
- [ ] Set response header

图 4.30　Response Header

4.1.13　自定义请求

单击 Composer 工具按钮打开 Composer 区域,可以看到如图 4.31 所示的界面,就是测试接口的界面。

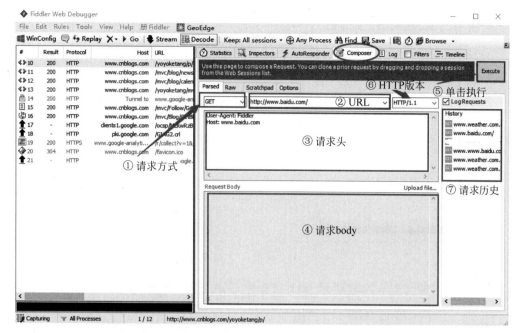

图 4.31　测试接口界面

① 请求方式：勾选请求协议，例如 GET、POST 等；

② URL 地址栏：输入请求的 URL 地址；

③ 请求头：可输入请求头信息；

④ 请求 body：POST 请求在此区域输入 body 信息；

⑤ 执行：单击 Execute 按钮可执行请求；

⑥ HTTP 版本：可以勾选 HTTP 版本；

⑦ 请求历史：执行完成后会在右侧 History 区域生成历史记录。

4.1.14　模拟 GET 请求

① 在 Composer 区域地址栏输入博客首页：http://www.cnblogs.com/yoyoketang/；

② 选择 GET 请求，单击 Execute 按钮，请求就可以发送成功了；

③ 请求发送成功后，左边会话框会生成一个会话记录，可以查看抓包详情；

④ 右侧 History 区域会出现一个历史请求记录，如图 4.32 所示。

在会话框③中选中该记录，单击 Inspectors，在 Response 区域单击 Raw 查看测试结果。Raw 查看的是 HTML 源码的数据，也可以单击 WebView 查看返回的 Web 页面数据，如图 4.33 所示。

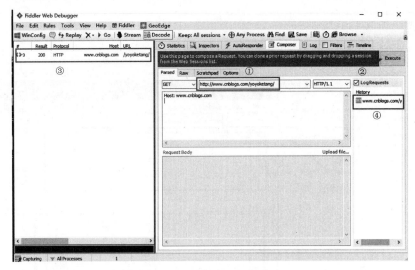

图 4.32　模拟 GET 请求

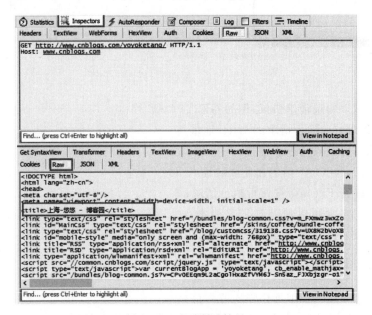

图 4.33　查看测试结果

4.1.15　模拟 POST 请求

① 请求类型勾选 POST；

② 在 URL 地址栏中输入对应的请求地址；

③ body 区域写登录的 json 参数；

④ HEADER 请求头区域可以把前面抓包的数据复制过来。

注意：有些请求如果请求头为空，会导致请求失败。

执行成功后显示 success＝True，如图 4.34 所示；执行失败则显示 message＝Invalid length for a Base-64 char array or string. success＝False，如图 4.35 所示。

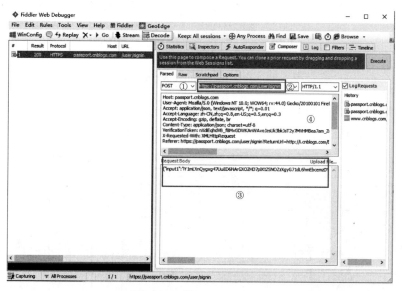

图 4.34　模拟 POST 请求

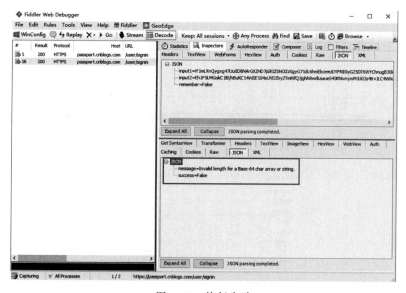

图 4.35　执行失败

4.1.16　模拟弱网

（1）单击 Rules→Customize Rules（或者按快捷键 Ctrl＋R）打开 Fiddler ScriptEditor 脚本框的 CustomRules.js 文件。

（2）在脚本文件中按快捷键 Ctrl＋F 弹出搜索框，搜索关键字 m_SimulateModem，结果如图 4.36 所示。

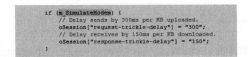

```
if (m_SimulateModem) {
    // Delay sends by 300ms per KB uploaded.
    oSession["request-trickle-delay"] = "300";
    // Delay receives by 150ms per KB downloaded.
    oSession["response-trickle-delay"] = "150";
}
```

图 4.36　搜索 m_SimulateModem 的结果

（3）可修改以上两个数字参数，设置不同网速。

（4）网速设置可参考图 4.37。

网络环境	上/下行带宽/(kbit/s)	上/下行丢包率/%	上/下行延迟/ms	DNS延迟/ms	备注
2G	20/50	0/0	500/400	0	
3G	330/2000	0/0	100/100	0	
4G	40000/80000	0/0	15/10	0	
wifi	33000/40000	0/0	1/1	0	
带宽有限环境	32/32	0/0	200/100	0	
低丢包率、低时延的环境（上行）	33000/40000	10/0	100/100	200	
低丢包率、高时延的环境（上行）	33000/40000	10/0	350/350	350	
低丢包率、低时延的环境（下行）	33000/40000	0/10	100/100	200	
低丢包率、高时延的环境（下行）	33000/40000	0/10	350/350	350	
低丢包率、低时延的环境	33000/40000	10/10	100/100	200	Wi-Fi环境下即可设置测试
低丢包率、高时延的环境	33000/40000	10/10	350/350	350	
高丢包率的环境（上行）	33000/40000	90/0	100/100	200	
高丢包率的环境（下行）	33000/40000	0/90	100/100	200	
高丢包率的环境	33000/40000	90/90	100/100	200	
网络超时（响应）	33000/40000	0/100	100/100	200	
网络超时（请求）	33000/40000	100/0	100/100	200	
网络超时（完全丢包）	33000/40000	100/100	100/100	200	

图 4.37　网速设置参考

4.1.17　重复请求

选中要模拟的 Session，如图 4.38 所示。

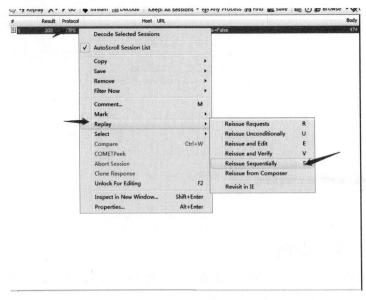

图 4.38　Session 查看

设置请求次数，然后单击 OK 按钮，如图 4.39 所示。

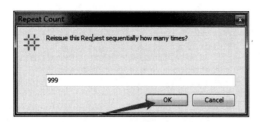

图 4.39　设置请求次数

4.1.18　手机抓包

单击 Tools→Fiddler Options→Connections。Fiddler listens on port 是手机连接 Fiddler 时的代理端口号，默认为 8888；Allow remote computers to connect 是允许远程发送请求，需要勾选，设置好后单击 OK 按钮，如图 4.40 所示。

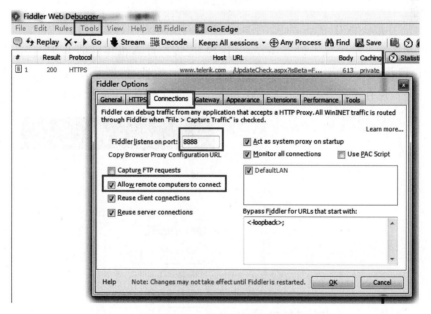

图 4.40　设置抓包选项

单击 Tools→Fiddler Options→HTTPS。勾选 Decrypt HTTPS traffic，可抓取手机的 HTTPS 请求（需要在手机上安装证书），如图 4.41 所示。

注意：Fiddler 设置后一定要重启 Fiddler，设置才会生效。

手机需要安装 Fiddler 证书，使用手机浏览器访问 http://【电脑 IP 地址】:【fiddler 设置的端口号】，即可以下载 Fiddler 的证书并安装。查看计算机 IP 的方法是直接在 cmd 下输入 ipconfig，或者鼠标滑过 Fiddler 的 Online 图标也可以看到 IP 地址，如图 4.42 所示。

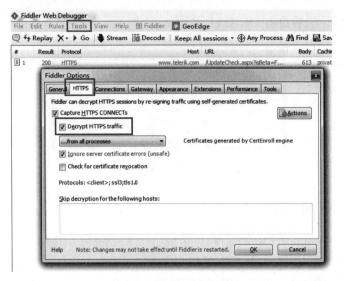

图 4.41 设置抓取 HTTPS

以图 4.42 所示的 IP 地址为例,手机只要访问 http://10.252.167.91:8888 即可下载安装 Fiddler 证书。在手机上设置 WiFi 的代理,连接与计算机相同的 WiFi,修改 WiFi 的网络需手动设置代理,代理服务器主机名为计算机的 IP 地址,代理服务器端口为在 Fiddler 里设置的端口号,保存后,Fiddler 将能够收到手机上的请求信息,如图 4.43 所示。

图 4.42 使用 Online 查看 IP 地址　　　图 4.43 设置代理

4.1.19　配置 HOST

选择 Tools→HOSTS,如图 4.44 所示。

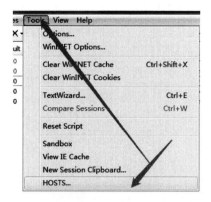

图 4.44　选择 HOSTS

Host Remapping 页面弹出,选择 Import Windows Hosts File,单击 Save 按钮,如图 4.45 所示。

图 4.45　Host Remapping 设置

模拟请求串改,选择 Rules→Automatic Breakpoints,可选择 Before Requests 或者 After Responses,如图 4.46 所示。

添加断点后模拟请求返回,如图 4.47 和图 4.48 所示。

内置命令如图 4.49 所示。

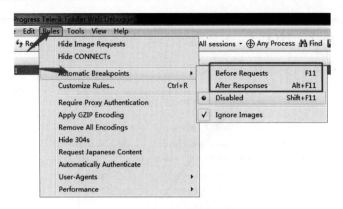

图 4.46　Rules 设置

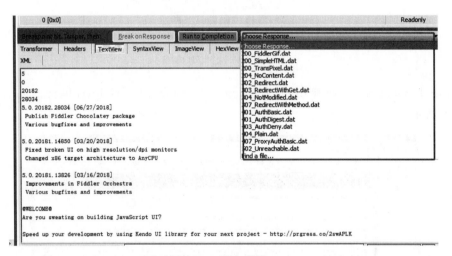

图 4.47　断点设置 1

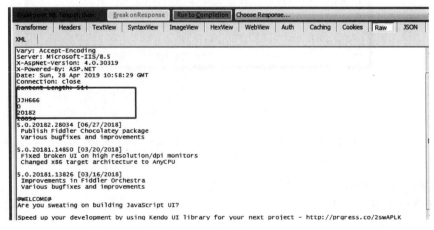

图 4.48　断点设置 2

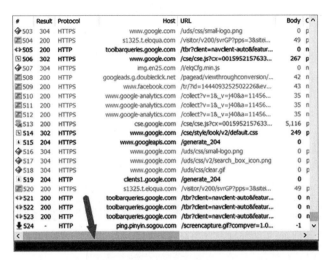

图 4.49　内置命令

虽然它不是很显眼,但用好它会让你的工作效率提高很多倍!这跟喜欢 Linux 的朋友一样,肯定更倾向于用一两个命令代替鼠标不断单击的操作。Fiddler 将每个 HTTP 请求都作为一个会话(Session)保留在左侧的框中,你可以在小黑框中输入 Fiddler 的内置命令来轻松地管理这些会话。

注意:按快捷键 Alt+Q 可以将焦点定位到命令行输入框(小黑框)中。当焦点在命令输入框中时,按快捷键 Ctrl+I 可以快速插入当前选中会话的 URL。

Fiddler 的内置命令如图 4.50 所示。问号(?)后边跟一个字符串,Fiddler 将所有会话中存在该字符串匹配的全部高亮显示(如图 4.50 所示输入的是 ? google.com)。

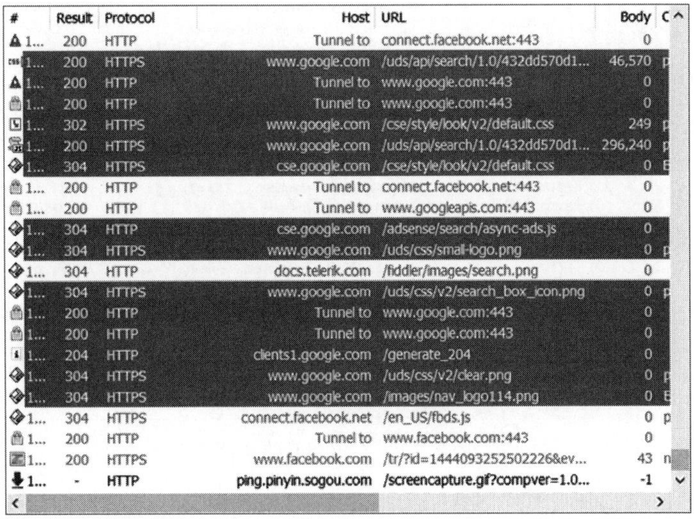

图 4.50　查看 HTTPS

注意：匹配的字符串是 Protocol、Host 和 URL 中的任何子字符串。

>和<：大于号（>）和小于号（<）后边跟一个数值，表示高亮显示所有尺寸大于或小于该数值的会话，例如输入>5000，按下回车键后结果如图 4.51 所示。

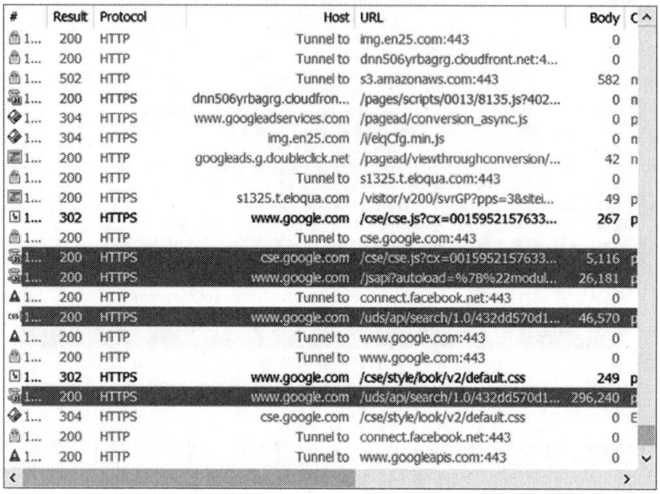

图 4.51　>5000 的会话

注意：可以直接输入>5k 表示高亮所有尺寸大于 5KB 的会话。

＝：等号（＝）后边可以接 HTTP 状态码或 HTTP 方法。＝200 表示高亮显示所有正常响应的会话。如图 4.52 所示，输入＝POST 表示希望高亮显示所有 POST 方法的会话。

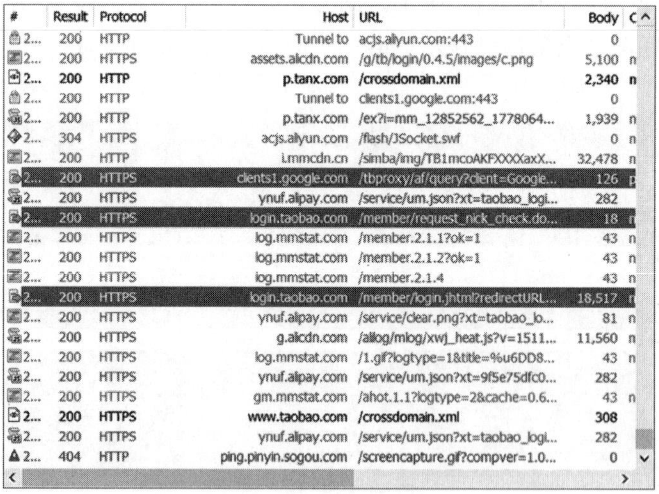

图 4.52　＝POST 的会话

@：后边跟的是 Host 想高亮显示的所有会话。输入@bbs.fishc.com，高亮显示所有鱼 C 论坛的链接，如图 4.53 所示。

#	Result	Protocol	Host	URL	Body	C
3...	301	HTTP	bbs.fishc.com	/ucenter/avatar.php?uid=45&siz...	0	E
3...	301	HTTP	bbs.fishc.com	/ucenter/avatar.php?uid=32569...	0	E
3...	301	HTTP	bbs.fishc.com	/ucenter/avatar.php?uid=32134...	0	E
3...	200	HTTPS	hm.baidu.com	/hm.gif?cc=0&ck=1&cl=24-bit&d...	43	p
3...	200	HTTP	Tunnel to	hm.baidu.com:443	0	
3...	301	HTTP	bbs.fishc.com	/ucenter/avatar.php?uid=28788...	0	E
3...	301	HTTP	bbs.fishc.com	/ucenter/avatar.php?uid=34389...	0	E
3...	301	HTTP	bbs.fishc.com	/ucenter/avatar.php?uid=21771...	0	E
3...	301	HTTP	bbs.fishc.com	/ucenter/avatar.php?uid=34305...	0	E
3...	301	HTTP	bbs.fishc.com	/ucenter/avatar.php?uid=33345...	0	E
3...	200	HTTPS	hm.baidu.com	/hm.gif?cc=0&ck=1&cl=24-bit&d...	43	p
3...	301	HTTP	bbs.fishc.com	/ucenter/avatar.php?uid=23510...	0	E
3...	200	HTTP	znsv.baidu.com	/customer_search/api/rec?uid=h...	139	
3...	301	HTTP	bbs.fishc.com	/ucenter/avatar.php?uid=20002...	0	E
3...	301	HTTP	bbs.fishc.com	/ucenter/avatar.php?uid=20803...	0	E
3...	301	HTTP	bbs.fishc.com	/ucenter/avatar.php?uid=28682...	0	E
3...	200	HTTP	widget.weibo.com	/public/aj_relationship.php?fuid=...	76	n
3...	301	HTTP	bbs.fishc.com	/ucenter/avatar.php?uid=21239...	0	E
3...	301	HTTP	bbs.fishc.com	/ucenter/avatar.php?uid=20472...	0	E
3...	301	HTTP	bbs.fishc.com	/ucenter/avatar.php?uid=33930...	0	E
3...	200	HTTP	widget.weibo.com	/relationship/followbutton.php?bt...	1,768	n
3...	200	HTTP	rs.sinajs.cn	/b.gif?uid=&refer=bbs.fishc.com...	43	∨

图 4.53 @bbs.fishc.com 的会话

注意：bpafter、bps、bpv、bpm 和 bpu 用于设置断点。

会话被中断之后，单击页面上方的 Go 按钮放行当前中断下来的会话，但新的匹配内容还是会被中断下来，输入命令但不带参数表示取消之前设置的断点。

bpafter：bpafter 后边跟一个字符串，表示中断所有包含该字符串的会话。例如想中断所有包含 fishc 的响应，那么输入 bpafter fishc，然后在浏览器输入 bbs.fishc.com，发现并没有收到服务器响应，也就是都被 Fiddler 中断下来了，如图 4.54 所示。

图 4.54 中断

bps：bps 后边跟的是 HTTP 状态码，表示中断所有该状态码的会话。

bpv 或 bpm：bpv 或 bpm 后边跟的是 HTTP 方法，表示中断所有该方法的会话。

bpu：跟 bpafter 类似，区别是 bpu 在发起请求时中断，而 bpafter 在收到响应后中断。

cls 或 clear：清除当前的所有会话。

dump：将所有的会话打包成 .zip 压缩包的形式保存到 C 盘根目录下。

g 或 go：放行所有中断下来的会话。

hide：将 Fiddler 隐藏。

show：将 Fiddler 恢复。

urlreplace：urlreplace 后边跟两个字符串，表示替换 URL 中的字符串。例如 urlreplace baidu fishc 表示将所有 URL 的 baidu 替换成 fishc。

注意：直接输入 urlreplace 不带任何参数表示恢复原来的样子。

start：Fiddler 开始工作。

stop：Fiddler 停止工作。

quit：关闭 Fiddler。

select：select 后边跟响应的类型(Content-Type)，表示选中所有匹配的会话。

如图 4.55 所示，Fiddler 可以使用 select image 选中所有图片文件，而 select css 则选中所有的 css 文件。当然，select htm 就是选中所有的 html 文件，allbut 或 keeponly 跟 select 类似，不过 allbut 和 keeponly 会将所有无关的会话删除。如果只想看图片，那么可以使用 keeponly image，表示将所有与图片无关的会话删除。

#	Result	Protocol	Host	URL	Body	C
350	200	HTTP	www.fishc.com	/thumbs/tudou.png	4,988	n
351	200	HTTP	www.fishc.com	/thumbs/douban.png	4,656	n
352	200	HTTP	www.fishc.com	/thumbs/taobao.png	6,319	n
353	200	HTTP	www.fishc.com	/thumbs/cnbeta.png	4,160	n
354	200	HTTP	www.fishc.com	/thumbs/kanxue.png	5,302	n
355	200	HTTP	www.fishc.com	/thumbs/csdn.png	6,615	n
356	200	HTTP	www.fishc.com	/thumbs/51cto.png	3,635	n
357	200	HTTP	www.fishc.com	/thumbs/yyets.png	8,572	n
358	200	HTTP	www.fishc.com	/thumbs/douguo.png	5,895	n
359	200	HTTP	www.fishc.com	/thumbs/fm.png	1,925	n
360	200	HTTP	www.fishc.com	/thumbs/m365dy.png	3,776	n
361	200	HTTP	www.fishc.com	/thumbs/ctrip.png	27,434	n
362	200	HTTP	www.fishc.com	/thumbs/ganji.png	9,883	n
363	200	HTTP	www.fishc.com	/thumbs/renren.png	9,532	n
364	200	HTTP	www.fishc.com	/thumbs/mtime.png	2,928	n
365	200	HTTP	www.fishc.com	/thumbs/qiushibaike.png	4,207	n
366	200	HTTP	www.fishc.com	/thumbs/fenghuang.png	44,514	n
367	200	HTTP	www.fishc.com	/thumbs/topit.png	1,562	n
368	200	HTTP	www.fishc.com	/thumbs/songshuhui.png	4,496	n
369	200	HTTPS	hm.baidu.com	/hm.gif?cc=0&ck=1&cl=24-bit&d...	43	p
370	200	HTTP		/favicon.ico	894	
374	200	HTTPS	hm.baidu.com	/hm.gif?cc=0&ck=1&cl=24-bit&d...	43	p

图 4.55　查看图片

！dns：后边跟一个域名，执行 DNS 查找并在右边的 Log 栏打印结果，如图 4.56 所示。

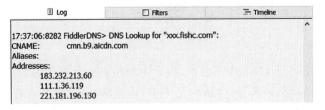

图 4.56　DSN 查看

4.2　Charles 工具的用途

4.2.1　过滤网络请求

通常情况下，我们需要对网络请求进行过滤，只监控向指定目录服务器上发送的请求。对于这种需求的过滤主要有以下几种方法。

方法一：在主界面的中部的 Filter 栏中填入需要过滤出来的关键字。例如服务器的地址是 http://yuantiku.com，那么只需要在 Filter 栏中填入 yuantiku 即可。

方法二：在 Charles 的菜单栏中选择 Proxy→Recording Settings，然后选择 Include，选择添加一个项目，填入 Protocol(需要监控的协议)、Host(主机地址)、Port(端口号)，这样就可以只截取目标网站的封包了，如图 4.57 所示。

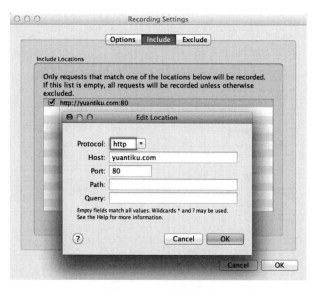

图 4.57　Charles 菜单

通常情况下，我们使用方法一做一些临时性的封包过滤，使用方法二做一些经常性的封包过滤。

方法三：鼠标右键单击想过滤的网络请求，选择 Focus，之后在 Filter 一栏勾选 Focussed，如图 4.58 所示。

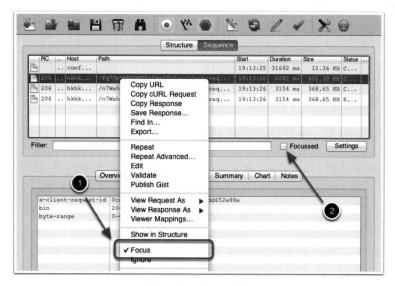

图 4.58　Filter 选择

这种方式可以临时性地、快速地过滤出一些没有通过关键字搜索到的网络请求。

4.2.2 模拟慢速网络

在做移动开发的时候，常常需要模拟慢速网络或者高延迟的网络，以测试在移动网络下应用的表现是否正常。Charles 对此需求提供了很好的支持。

在 Charles 的菜单上，选择 Proxy→Throttle Setting，在之后弹出的对话框中勾选 Enable Throttling，并设置 Throttle Preset 的类型，如图 4.59 所示。

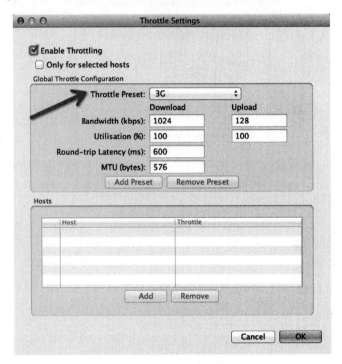

图 4.59　Charles 菜单

如果我们只想模拟指定网站的慢速网络，可以再勾选上图 4.59 中的 Only for selected hosts 项，然后在对话框的下半部分设置中增加指定的 Hosts 项即可。

4.2.3 截取移动设备中的 HTTPS 通信信息

如果需要在 iOS 或 Android 设备上截取 HTTPS 协议的通信内容，还需要在手机上安装相应的证书。单击 Charles 的顶部菜单，选择 Help→SSL Proxying→Install Charles Root Certificate on a Mobile Device or Remote Browser，然后就可以看到 Charles 弹出的简单安装教程，如图 4.60 所示。

如前所述，在设备上设置 Charles 为代理后，在手机浏览器中访问地址 http://charlesproxy.com/getssl，即可打开证书安装的界面。安装完证书后，就可以截取手机上的

HTTPS 通信内容了。不过同样需要注意，默认情况下 Charles 并不做截取，如需截取，则用鼠标右键单击截取的网络请求，选择 SSL proxy 菜单项。

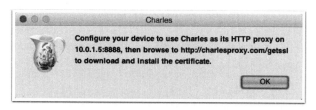

图 4.60　Help 菜单

4.2.4　修改服务器返回内容

有些时候我们想让服务器返回一些指定的内容，方便调试一些特殊情况。例如列表页面为空的情况、数据异常的情况、部分耗时的网络请求超时的情况等。如果没有 Charles，要服务器配合构造相应的数据会比较麻烦。这个时候，使用 Charles 相关的功能就可以满足我们的需求。

根据具体的需求，Charles 提供 Map 功能、Rewrite 功能及 Breakpoints 功能，都可以达到修改服务器返回内容的目的。这三者在功能上的差异是：

（1）Map 功能适合长期地将某一些请求重定向到另一个网络地址或本地文件。

（2）Rewrite 功能适合对网络请求进行一些正则替换。

（3）Breakpoints 功能适合做一些临时性的修改。

4.2.5　Map 功能

Charles 的 Map 功能分 Map Remote 和 Map Local 两种，顾名思义，Map Remote 是将指定的网络请求重定向到另一个网址请求地址，Map Local 是将指定的网络请求重定向到本地文件。

在 Charles 的菜单中，选择 Tools→Map Remote 或 Map Local 即可进入到相应功能的设置页面，如图 4.61 所示。

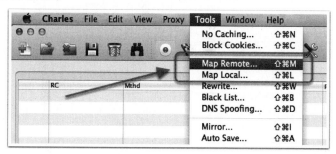

图 4.61　Tools 选择

对于 Map Remote 功能,我们需要分别填写网络重定向的源地址和目的地址,对于不需要限制的条件可以留空。如图 4.62 所示,所有 ytk1.yuantiku.ws(测试服务器)的请求重定向到了 www.yuantiku.com(线上服务器)。

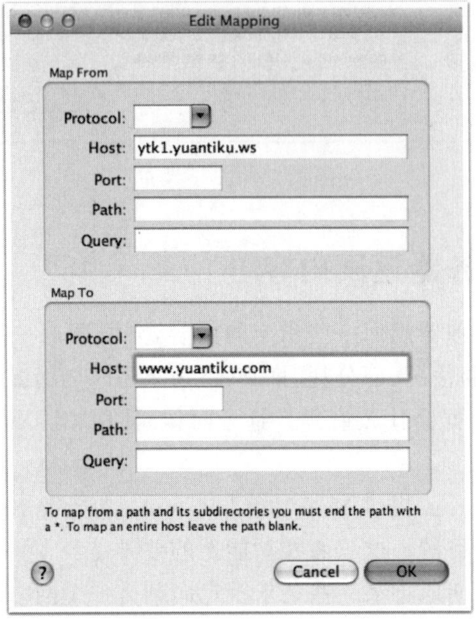

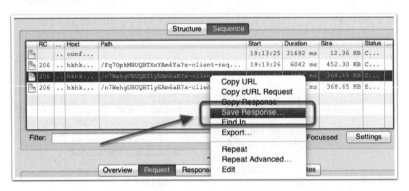

图 4.62　Edit Mapping 菜单

Map Local 功能需要填写重定向的源地址和本地的目标文件。对于一些复杂的网络请求结果,可以先使用 Charles 提供的 Save Response 功能,将请求结果保存到本地,如图 4.63 所示,然后稍加修改,成为目标映射文件。

图 4.63　Map Local 功能菜单

如图 4.64 所示,一个指定的网络请求通过 Map Local 功能映射到了本地的一个经过修改的文件中。

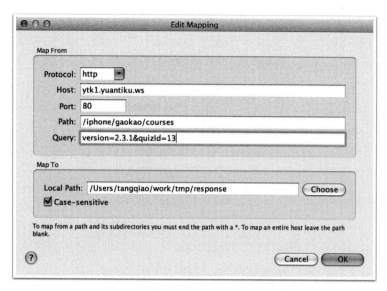

图 4.64　使用 Map Local 功能映射

4.2.6　给服务器做压力测试

服务器的并发处理能力可以使用 Charles 的 Repeat 功能来简单地测试。鼠标右键单击想打压的网络请求（POST 或 GET 请求均可），然后选择 Repeat Advanced，如图 4.65 所示。

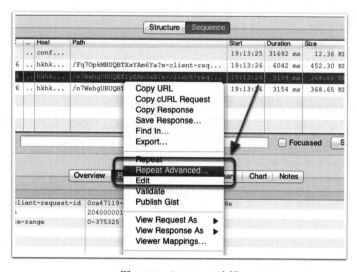

图 4.65　Sequence 选择

接着在弹出的对话框中选择打压的并发线程数及打压次数,确定之后即可开始打压,如图 4.66 所示。

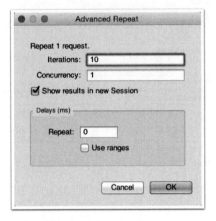

图 4.66　Advance Repeat

4.2.7　截取 HTTPS 通信信息

如果需要截取分析 HTTPS 协议相关的内容,那么需要安装 Charles 的 CA 证书。首先在 Mac 计算机上安装证书,单击 Charles 的顶部菜单,选择 Help→SSL Proxying→Install Charles Root Certificate,然后输入系统的账号和密码,即可在 KeyChain 看到添加好的证书,如图 4.67 所示。

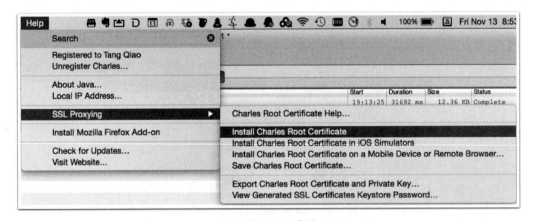

图 4.67　Help 菜单

需要注意的是,即使是安装完证书之后,Charles 默认也并不截取 HTTPS 网络通信的信息。如果想截取某个网站上的所有 HTTPS 网络请求,则用鼠标右键单击该请求,选择 SSL Proxying,如图 4.68 所示,这样该 Host 的所有 SSL 请求就可以被截取到了。

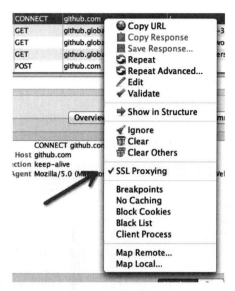

图 4.68 HTTPS 网络请求菜单

4.2.8 Rewrite 功能

Rewrite 功能适合对某一类网络请求进行一些正则替换,以达到修改结果的目的。客户端有一个 API 请求是获得用户昵称,当前的昵称是 tangqiaoboy,如图 4.69 所示。

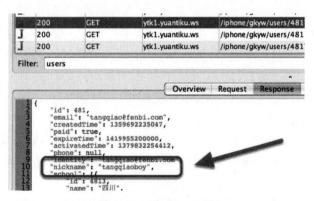

图 4.69 Rewrite 功能

直接修改网络返回值可将 tangqiaoboy 换成 iosboy,可以启用 Rewrite 功能来设置规则,如图 4.70 所示。

完成设置之后,就可以从 Charles 中看到之后的 API 获得的昵称被自动 Rewrite 成了 iosboy,如图 4.71 所示。

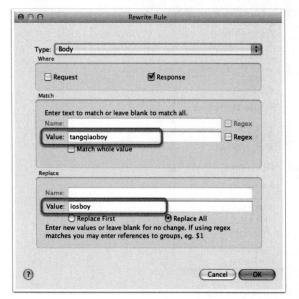

图 4.70　Rewrite 功能选择值

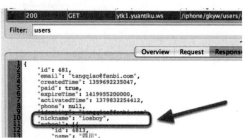

图 4.71　信息查看

4.3　Wireshark 工具的用途与企业案例

4.3.1　抓取报文

下载和安装好 Wireshark 之后,启动 Wireshark 并且在接口列表中选择接口名,然后开始在此接口上抓包。

如果想要在无线网络上抓取流量,单击无线接口,然后单击 Capture Options 可以配置高级属性,但现在无此必要。

单击接口名称之后,就可以看到实时接收的报文。Wireshark 会捕捉系统发送和接收的每一个报文。如果抓取的接口是无线接口并且选项选取的是混合模式,那么也会看到网络上其他报文。

上端面板每一行对应一个网络报文,默认显示报文接收时间(相对开始抓取的时间点)、源和目标 IP 地址、使用协议和报文相关信息。单击某一行可以在下面两个窗口看到更多信息。“＋”图标显示报文里面每一层的详细信息。底端窗口同时以十六进制和 ASCII 码的方式列出报文内容,如图 4.72 所示。

需要停止抓取报文的时候,单击左上角的“停止”工具按钮,如图 4.73 所示。

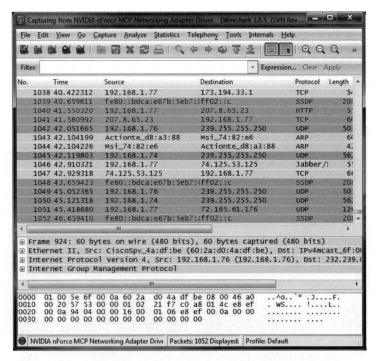

图 4.72 Wireshark 抓包工具

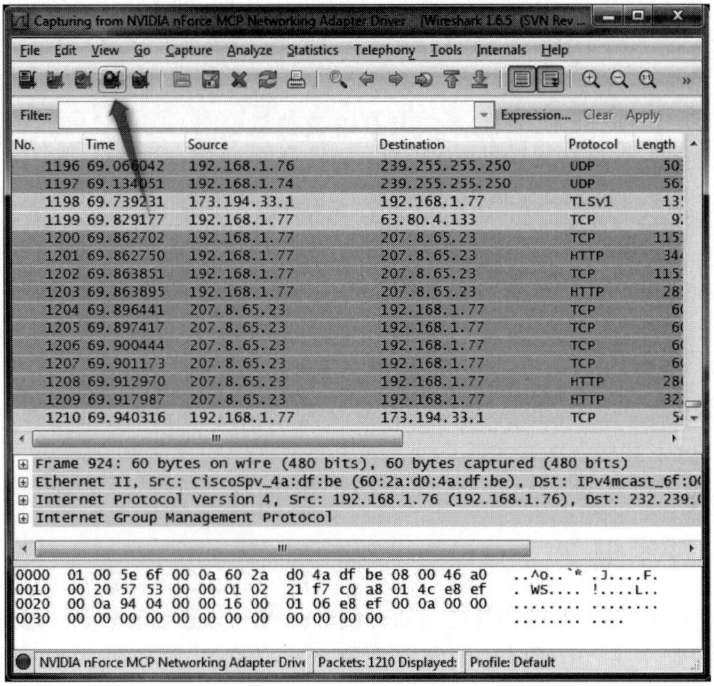

图 4.73 停止抓取

4.3.2　色彩标识

进行到这里已经看到报文以绿色、蓝色、黑色显示出来。Wireshark 通过颜色让各种流量的报文一目了然。

默认绿色①是 TCP 报文,深蓝色②是 DNS,浅蓝③是 UDP,黑色④标识出有问题的 TCP 报文,如图 4.74 所示。

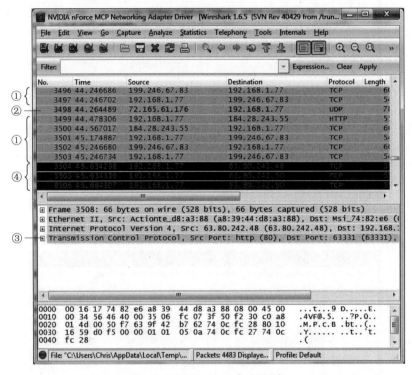

图 4.74　Wireshark 报文查看

4.3.3　报文样本

例如你在家安装了 Wireshark,但家用 LAN 环境下没有感兴趣的报文可供观察,那么可以去 Wireshark wiki 下载报文样本文件。打开一个抓取文件相当简单,在主界面上单击 Open 并浏览文件即可,也可以在 Wireshark 里保存自己的抓包文件并稍后打开,如图 4.75 所示。

4.3.4　过滤报文

如果正在尝试分析问题,例如打电话的时候某一程序发送的报文,可以关闭所有其他使用网络的应用来减少流量。但还是可能有大批报文需要筛选,这时要用到 Wireshark 过滤器。最基本的方式就是在窗口顶端 Filter 文本框中输入 dns 并单击 Apply 按钮(或按回车键),就会看到 DNS 报文。输入的时候,Wireshark 会帮助自动完成过滤条件,如图 4.76 所示。

图 4.75　下载报文样本文件

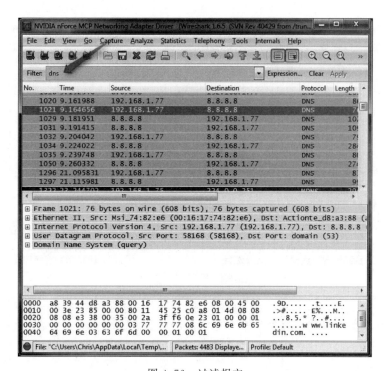

图 4.76　过滤报文

也可以单击 Analyze 菜单并选择 Display Filter 来创建新的过滤条件,如图 4.77 所示。

图 4.77　Analyze 分析菜单

　　另一件很有趣的事情是你可以用鼠标右键单击报文并选择 Follow TCP Stream,如图 4.78 所示。

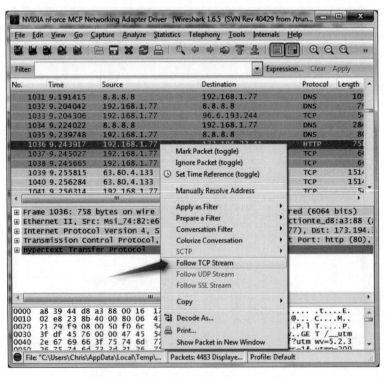

图 4.78　选择 Follow TCP Stream 查看报文

你会看到在服务器和目标端之间的全部会话，如图 4.79 所示。

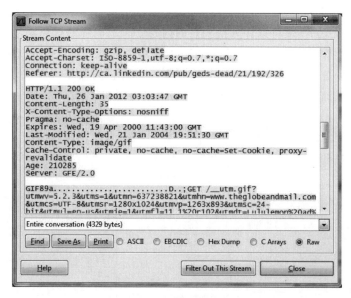

图 4.79 查看报文

关闭窗口之后，会发现过滤条件自动引用 Wireshark 显示构成会话的报文，如图 4.80 所示。

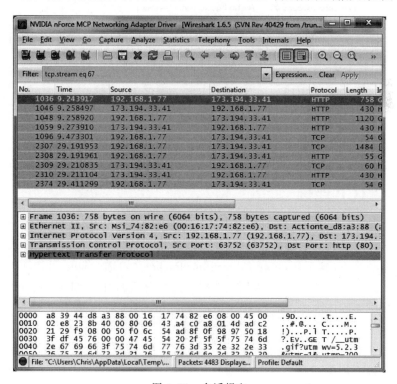

图 4.80 会话报文

4.3.5 检查报文

选中一个报文之后,就可以深入挖掘它的内容了。可以在这里创建过滤条件,只需右击要查看的报文,选择 Apply as Filter→Selected,就可以根据此细节创建过滤条件,如图 4.81 所示。Wireshark 是一个非常强大的工具,本节只介绍它的最基本用法。网络专家用它来 deBug 网络协议实现细节,检查安全问题、网络协议内部构件等。

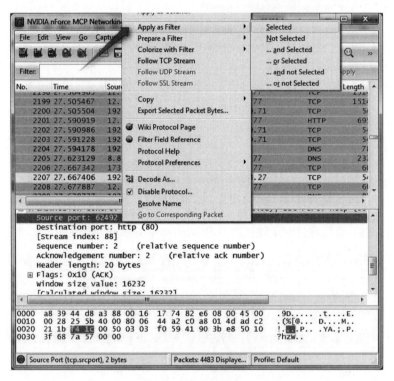

图 4.81 检查报文

4.3.6 TCP 连接

TCP/IP 通过 3 次握手建立一个连接。这一过程中的 3 种报文是 SYN、SYN/ACK 和 ACK。找到 PC 发送到网络服务器的第一个 SYN 报文,这标志了 TCP/IP3 次握手的开始。如果找不到第一个 SYN 报文,选择 Edit→Find Packet。勾选 Display Filter,输入过滤条件 tcp.flags,这时会看到一个 flag 列表用于选择。选择合适的 flag,例如 tcp.flags.syn 并且加上==1。单击“Find”按钮,之后 trace 中的第一个 SYN 报文就会高亮显示,如图 4.82 所示。

注意：Find Packet 也可以用于搜索十六进制字符,例如恶意软件信号、搜索字符串、抓包文件中的协议命令等。

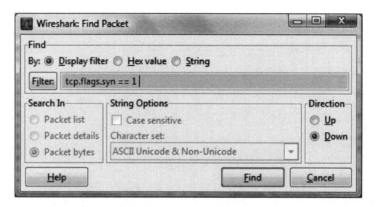

图 4.82　Find Packet 菜单

　　一个快速过滤 TCP 报文流的方式是在 Packet List Panel 中右击报文,并且选择 Follow TCP Stream。这就创建了一个只显示 TCP 会话报文的自动过滤条件。

　　这一步会弹出一个会话显示窗口,默认情况下包含 TCP 会话的 ASCII 代码,客户端报文用红色表示,服务器报文用蓝色表示。窗口如图 4.83 所示,对于读取协议有效载荷非常有帮助,例如 HTTP、SMTP、FTP。

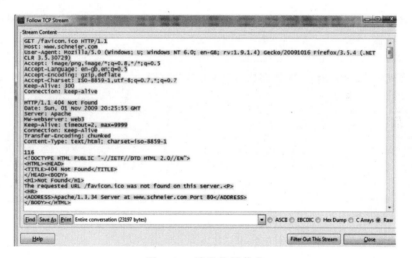

图 4.83　读取协议信息

　　更改为十六进制 Dump 模式查看载荷的十六进制代码,如图 4.84 所示。

　　关闭弹出窗口,Wireshark 就只显示所选的 TCP 报文流。现在可以轻松分辨出 3 次握手信号,如图 4.85 所示。

　　注意:这里 Wireshark 自动为此 TCP 会话创建了一个显示过滤。

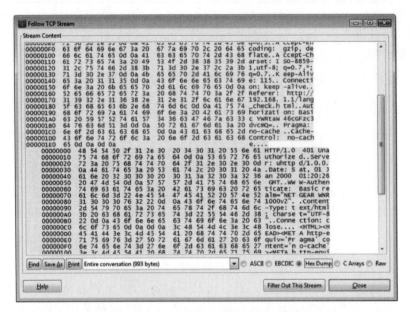

图 4.84　更改为十六进制 Dump 模式

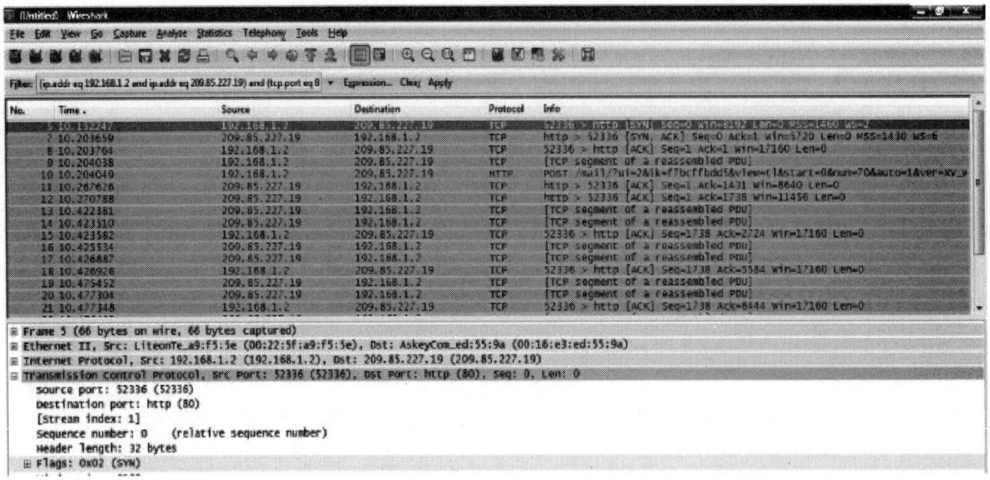

图 4.85　TCP 报文流

4.3.7　HTTP 协议

HTTP 协议是目前使用最广泛的一种基础协议,这得益于目前很多应用基于 Web 方式,实现容易,软件开发部署也简单,无须额外的客户端,使用浏览器即可使用。这一过程开始于请求服务器传送网络文件。

如图 4.86 所示,报文中包括一个 GET 命令,当 HTTP 发送初始 GET 命令之后,TCP

继续数据传输过程,接下来的连接过程中 HTTP 会从服务器请求数据并使用 TCP 将数据传回客户端。传送数据之前,服务器通过发送 HTTP OK 消息告知客户端请求有效。如果服务器没有将目标发送给客户端的许可,将会返回 403 Forbidden；如果服务器找不到客户端所请求的目标,会返回 404。

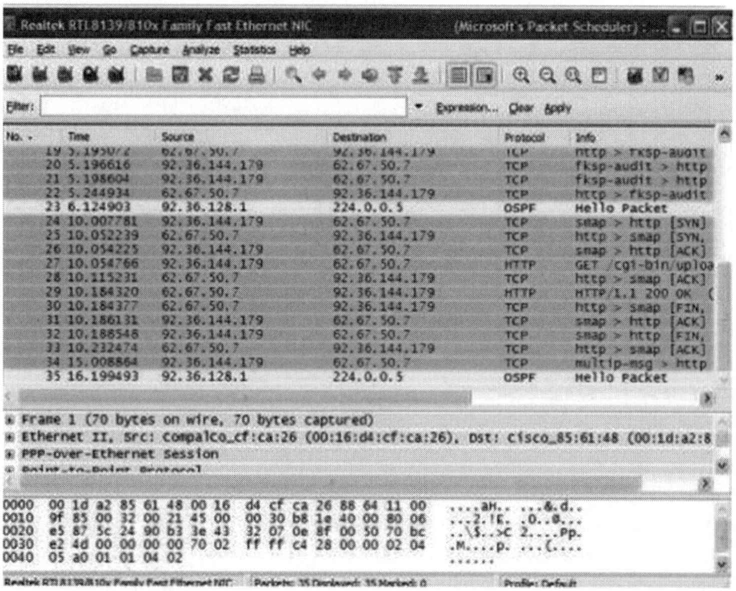

图 4.86　报文列表

如果没有更多数据,连接可被终止,类似于 TCP/IP 3 次握手信号的 SYN 和 ACK 报文,这里发送的是 FIN 和 ACK 报文。当服务器结束传送数据时,发送 FIN/ACK 给客户端,此报文表示结束连接。接下来客户端返回 ACK 报文并且对 FIN/ACK 中的序列号加 1。这就从服务器端终止了通信。要结束这一过程,客户端必须重新对服务器端发起这一过程,并且必须在客户端和服务器端都发起并确认 FIN/ACK 过程。

4.3.8　IO Graphs

IO Graphs 是一个非常好用的工具。基本的 Wireshark IO Graphs 会显示抓包文件中的整体流量情况,通常以秒为单位(报文数或字节数)。默认 X 轴的时间间隔是 1s,Y 轴表示每一时间间隔的报文数。如果想要查看每秒比特数或字节数,单击 Unit,在 Y Axis 下拉菜单中选择想要查看的内容。这是一种基本的应用,对于查看流量中的波峰/波谷很有帮助。要进一步查看,单击图形中的任意点就会看到报文的细节。

注意：过滤条件为空时显示所有流量,如图 4.87 所示。

这个默认条件下的显示在大多数 troubleshooting 中并不是非常有用,将 Y 轴改为 Bits/Tick 就可以看到每秒的流量,如图 4.88 所示,可以看到峰值速率是 300kb/s 左右。如果你看到有些地方流量下降为零,那可能是一个出问题的点。这个问题在图 4.87 中很好发现,但在看报文列表时可能不那么明显。

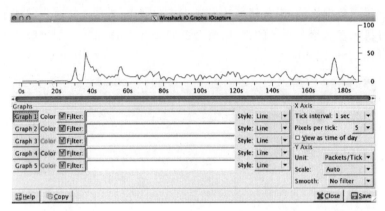

图 4.87　流量信息图

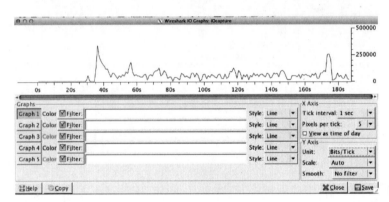

图 4.88　过滤条件

　　每一个图形都可以应用一个过滤条件。这里创建两个不同的 Graph,一个是 http;另一个是 icmp。可以看到过滤条件中 Graph 1 使用 http,Graph 2 使用 icmp,如图 4.89 所示。icmp 流量中有些间隙,接下来进一步分析。

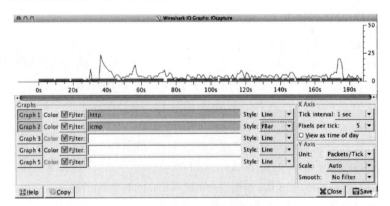

图 4.89　创建两个不同的 Graph

创建两个图形,一个显示 icmp echo(type＝8);另一个显示 icmp reply(type＝0)。正常情况下对于每一个 echo 请求会有一个连续的 reply,如图 4.90 所示。

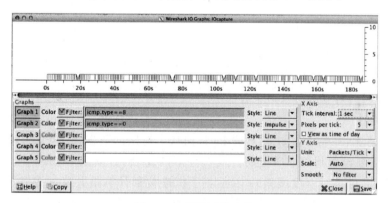

图 4.90 添写过滤条件

脉冲线(icmp type＝＝0-icmp reply)中间有间隙,而整张图中 icmp 请求保持连续。这意味着有些 reply 没有接收到,这是由于报文丢失导致的 reply drop。CLI 中看到的 ping 信息如图 4.91 所示。

```
64 bytes from 128.173.97.169: icmp_seq=324 ttl=52 time=534.751 ms
Request timeout for icmp_seq 325
64 bytes from 128.173.97.169: icmp_seq=326 ttl=52 time=534.714 ms
64 bytes from 128.173.97.169: icmp_seq=327 ttl=52 time=536.513 ms
64 bytes from 128.173.97.169: icmp_seq=328 ttl=52 time=534.690 ms
64 bytes from 128.173.97.169: icmp_seq=329 ttl=52 time=531.661 ms
64 bytes from 128.173.97.169: icmp_seq=330 ttl=52 time=563.302 ms
64 bytes from 128.173.97.169: icmp_seq=331 ttl=52 time=536.592 ms
64 bytes from 128.173.97.169: icmp_seq=332 ttl=52 time=534.905 ms
Request timeout for icmp_seq 333
64 bytes from 128.173.97.169: icmp_seq=334 ttl=52 time=531.816 ms
64 bytes from 128.173.97.169: icmp_seq=335 ttl=52 time=534.709 ms
64 bytes from 128.173.97.169: icmp_seq=336 ttl=52 time=534.966 ms
64 bytes from 128.173.97.169: icmp_seq=337 ttl=52 time=537.198 ms
64 bytes from 128.173.97.169: icmp_seq=338 ttl=52 time=535.634 ms
64 bytes from 128.173.97.169: icmp_seq=339 ttl=52 time=542.190 ms
64 bytes from 128.173.97.169: icmp_seq=340 ttl=52 time=537.309 ms
64 bytes from 128.173.97.169: icmp_seq=341 ttl=52 time=536.992 ms
64 bytes from 128.173.97.169: icmp_seq=342 ttl=52 time=533.452 ms
64 bytes from 128.173.97.169: icmp_seq=343 ttl=52 time=532.462 ms
64 bytes from 128.173.97.169: icmp_seq=344 ttl=52 time=534.986 ms
Request timeout for icmp_seq 345
64 bytes from 128.173.97.169: icmp_seq=346 ttl=52 time=535.839 ms
64 bytes from 128.173.97.169: icmp_seq=347 ttl=52 time=533.684 ms
64 bytes from 128.173.97.169: icmp_seq=348 ttl=52 time=533.259 ms
64 bytes from 128.173.97.169: icmp_seq=349 ttl=52 time=536.078 ms
64 bytes from 128.173.97.169: icmp_seq=350 ttl=52 time=534.146 ms
64 bytes from 128.173.97.169: icmp_seq=351 ttl=52 time=533.811 ms
64 bytes from 128.173.97.169: icmp_seq=352 ttl=52 time=536.602 ms
64 bytes from 128.173.97.169: icmp_seq=353 ttl=52 time=535.065 ms
64 bytes from 128.173.97.169: icmp_seq=354 ttl=52 time=536.215 ms
64 bytes from 128.173.97.169: icmp_seq=355 ttl=52 time=536.082 ms
Request timeout for icmp_seq 356
64 bytes from 128.173.97.169: icmp_seq=357 ttl=52 time=536.649 ms
64 bytes from 128.173.97.169: icmp_seq=358 ttl=52 time=538.860 ms
64 bytes from 128.173.97.169: icmp_seq=359 ttl=52 time=533.928 ms
64 bytes from 128.173.97.169: icmp_seq=360 ttl=52 time=533.881 ms
64 bytes from 128.173.97.169: icmp_seq=361 ttl=52 time=533.183 ms
64 bytes from 128.173.97.169: icmp_seq=362 ttl=52 time=535.551 ms
64 bytes from 128.173.97.169: icmp_seq=363 ttl=52 time=534.728 ms
Request timeout for icmp_seq 364
64 bytes from 128.173.97.169: icmp_seq=365 ttl=52 time=534.915 ms
Request timeout for icmp_seq 366
64 bytes from 128.173.97.169: icmp_seq=367 ttl=52 time=533.468 ms
64 bytes from 128.173.97.169: icmp_seq=368 ttl=52 time=536.184 ms
64 bytes from 128.173.97.169: icmp_seq=369 ttl=52 time=532.850 ms
64 bytes from 128.173.97.169: icmp_seq=370 ttl=52 time=536.644 ms
64 bytes from 128.173.97.169: icmp_seq=371 ttl=52 time=604.517 ms
Request timeout for icmp_seq 372
```

图 4.91 ping 信息图

4.4　3个抓包工具的优缺点对比

1. Charles（iOS 常用）

只捕获 HTTP 及 HTTPS 请求。

注意：一旦连接上之后，手机或者计算机执行任何跟网络有关的操作时，这里的数据会一直在增加，不用的时候最好及时关掉。

2. Wireshark

捕获各类请求，一般是看 HTTP 请求（只捕获了返回的数据）。这个比较特殊，不是连接 WiFi，而是需要设置代理。首先将计算机连上网线，然后安装一个 WiFi 共享的软件，（例如猎豹 WiFi，可自行百度搜索）；然后将手机连接到计算机共享的 WiFi；最后打开软件，找到 Tools（捕获）菜单，在设置里选择同一网段的那个网络，单击开始，即可使用手机操作。

3. Fiddler

macOS 没有使用版本，需用 Windows 系统或连接远程安装使用。

（1）安装包：可在官网下载最新的安装包。

（2）计算机网络：连入一个 WiFi，然后查看本机地址（终端/cmd：ifconifg/ipconfig）例如 WiFi：nuanxinli，ip：192.168.191.1。

（3）手机：连入同计算机一样的 WiFi（nuanxinli），打开手机 WiFi 的高级设置，打开使用代理：设置 ip 为 192.168.191.1，端口为 8888（一般默认设置）。如果显示正常就可以看到好多条信息。

注意：虽然手机设置了代理，但是计算机上也有好多的请求，例如打开网页，可视情况过滤或者忽略。

通常只需捕获 HTTP 请求，但是显示的东西要详细得多（捕获发送/返回的各个数据）。查看页面内容的方式跟 Fiddler 的查看方式基本类似，主要看圈出来的三大模块，遇到问题再具体分析。

注意：一旦连接上之后，手机或者计算机执行任何跟网络有关的操作时，这里的数据会一直增加，不用的时候最好及时关掉。

4.5　禅道工具的用途与企业应用

4.5.1　禅道基本使用流程

禅道管理软件中核心的三种角色为产品、研发和测试，这三者之间通过需求进行协作，实现了研发管理中的三权分立。其中产品经理整理需求，研发团队实现任务，测试团队则保障质量。

基本流程：产品经理创建产品、产品经理创建产品需求、项目经理创建项目、项目经理确定项目的需求和要执行的任务、项目经理分解任务并指派到研发人员、测试人员测试，最后提交 Bug。

4.5.2　设置部门结构

1. 维护部门结构

（1）以管理员身份登录。

（2）进入组织的用户视图。

（3）单击"维护部门"（或者直接单击二级导航栏里的"部门"）。

（4）在部门维护页面维护公司的组织结构即可，如图 4.92 和图 4.93 所示。

图 4.92　部门设置

图 4.93　部门结构设置

2. 维护子部门

单击部门名称即可添加该部门的下级部门(子部门)。下级部门添加成功后,可在部门机构里查看到,如图 4.94 所示。

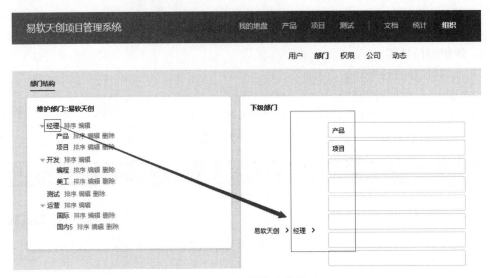

图 4.94　部门结构内容设置

4.5.3　添加用户

首先进入组织视图,选择用户列表,然后单击"添加用户"按钮进入添加用户页面。用户添加完之后,即可将其关联到某一个分组中,如图 4.95 和图 4.96 所示。

图 4.95　添加用户

注意:

(1) 从 4.0 版本开始增加了职位字段,在添加账号的时候可以选择对应的职位。职位会影响指派列表的顺序,例如创建 Bug 的时候,默认会把研发职位的人员放在前面。职位还会影响到 D 盘里面内容的排列顺序。例如产品经理角色的人员登录之后,D 盘首先会显示我的需求,而研发的人员登录之后,会看到我的任务。

图 4.96 添加用户信息

（2）用户的权限都是通过分组来获得的，因此为用户指定了一个职位之后，还需要将其关联到一个分组中。

（3）其中源代码提交账号是 subversion 或者其他源代码管理系统中对应的用户，如果没有启用 subversion 集成功能，可以留空。

4.5.4 权限

部门结构是公司从组织角度的一个划分，它决定了公司内部人员的上下级汇报关系。而禅道里面的用户分组则主要用来区分用户权限，二者之间没有必然的关系。

【例 4.1】 用户 A 属于产品部，用户 B 属于研发部，但他们都有提交 Bug 的权限。

1．创建分组

（1）使用管理员身份登录禅道，进入组织视图。

（2）选择权限分组，进入分组的列表页面。

（3）单击新增分组即可创建分组，在这个分组列表页面还可以对某一个分组进行权限的维护、成员维护或者复制。

2．维护权限

（1）以管理员身份登录。

（2）进入组织视图。

（3）单击"权限分组"，进入权限分组列表页面。

（4）选择某一个分组，单击"权限维护"，即可维护该分组的权限。

（5）进入权限列表页面，单击某一个模块名后面的复选框，可以全选该模块下面的所有权限，或者全部取消选择，还可以查看某一个版本新增的权限列表。

（6）禅道 7.2.stable 版本开始提供视图维护权限，可以设置某个分组仅能查看某个产品或者项目等。

（7）如果限制访问框里填写了相关内容，就表示该分组仅有权限访问限制访问框里的内容。如果勾选允许访问全部视图，那么禅道导航栏里的主菜单（产品、项目、测试、文档、统计、组织、后台）都显示；不勾选，导航栏不显示，也无权限访问。允许访问产品则该权限分组的用户只能访问禅道项目管理软件的这个产品，别的产品无权访问。允许访问项目与允许访问产品的设置是一样的。

（8）禅道 9.6.2 版本新增了受限操作权限分组，比较适用于公司新来员工的权限设置，怕其不熟悉公司业务而导致误操作。此外在项目→团队→团队管理里，也增加了针对某个项目设置受限用户的功能。如果某个团队成员设置为该项目的受限用户，那么该团队成员只能编辑该项目里与自己相关的任务、需求、Bug 等。使用组织→权限→受限用户分组维护分组成员时，属于该分组的用户在禅道里只能编辑与自己相关的需求、任务、Bug 等，不能新增需求、任务、Bug 等。

注意：与自己相关的内容包含指派给、已完成、已取消、已关闭、最后编辑，不包含抄送给的内容。如果该用户之前不是受限用户，现在变为受限用户了，那么之前由他创建的需求、任务、Bug 等，他都还有相关的操作权限。

组织→权限→受限用户分组设置的受限操作是针对禅道整个系统的使用受限。项目→团队→团队管理里设置的受限用户是只针对某一个项目的受限操作，其他项目不受影响。

权限维护时需注意如果一个用户在多个权限分组里，其在禅道里的权限取的是各个权限分组里权限的合集。要访问一个 Bug，必须同时拥有 Bug 所在产品/项目的访问权限和 Bug 详情的权限。产品/项目还可以通过访问控制来设置查看权限。产品/项目概况里，编辑访问控制默认设置、私有产品/项目、自定义白名单来调整产品/项目的查看权限。禅道里权限分配比较灵活，可以根据实际需要做调整。没必要过于纠结权限的分配，禅道里每个操作都会记录，在详情页的历史记录中可以查看到。

3．维护成员

（1）以管理员身份登录。

（2）进入组织视图中的权限分组。

（3）单击"成员维护"，进入用户维护页面。

4.5.5 产品管理

1. 创建需求的前提

前提是要有产品,这和 Bug 的处理是一样的。新增产品的时候需要设置产品的名称、代码,以及几个负责人信息,如图 4.97 所示。

图 4.97 产品管理界面

2. 创建需求

有了产品之后就可以创建需求了。创建需求的时候,需求的来源、需求的标题、描述和验证标准是需求的三个主要元素,应该认真清晰地进行填写。在创建需求的时候可以指定需求的优先级、预计工时等字段,还可以选择由谁来进行评审,这样创建的需求状态是草稿状态。如果勾选了"不需要评审",则是激活状态。

3. 变更需求

禅道专门提供了需求的变更流程。凡是对需求标题、描述、验证标准和附件的修改,都应该走变更流程。变更之后的需求状态为变更中。

4. 评审需求

用户通过需求的详情页面可查看变更前后的变化、评审需求、给出评审结果、评审结果可以选择确认通过、撤销变更、有待明确或者拒绝。

4.5.6 Bug 管理

禅道里 Bug 管理的基本流程是测试人员提出 Bug,然后开发人员解决 Bug,最后测试人员验证关闭 Bug。下面我们来讲解一下具体的使用方法。

1．创建产品

使用 Bug 管理功能之前，需要先创建产品。禅道里面设计的理念是 Bug 主要附属在产品概念下面，后面会详细讲述产品和项目之间的关系。

添加产品的入口有多个，可以在产品视图中的 1.5 级导航下拉菜单中直接单击"添加产品"按钮，也可以在所有产品页面单击右侧的"添加产品"按钮。新增产品的时候需要设置产品的名称、代码、几个负责人信息，如图 4.98 所示。

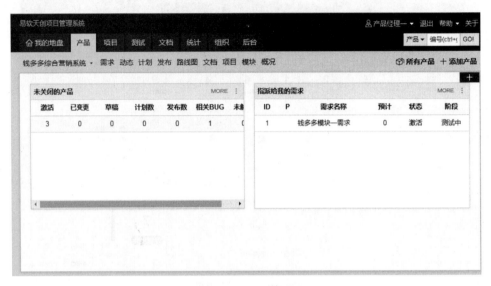

图 4.98　Bug 管理

2．提出 Bug

有了产品之后，我们就可以来创建 Bug 了。在创建 Bug 的时候，必填的字段有影响版本、Bug 标题、所属模块。所属项目、相关产品、需求可以忽略。创建 Bug 的时候，可以将 Bug 直接指派给某一个人员去处理。如果不清楚应指派给谁，可以保留为空，如图 4.99 所示。

3．处理 Bug

当一个 Bug 指派给某一位研发人员之后，他可以来确认、解决这个 Bug。在对 Bug 进行处理之前，需要先要找到需要自己处理的 Bug。禅道提供了各种各样的检索方式，例如指派给我，即可列出所有需要我处理的 Bug。

确认 Bug：确认该 Bug 确实存在后，可以将其指派给某人，并指定 Bug 类型、优先级、备注、抄送等。

解决 Bug：当 Bug 修复解决后，单击解决，指定解决方案、日期、版本，并可将其再指派给测试人员。

关闭 Bug：当研发人员解决了 Bug 之后，Bug 会重新指派给 Bug 的创建者。这时候创建者就可以来验证这个 Bug 是否已经修复。如果验证通过，则可以关闭该 Bug（Bug 列表页和详情页中都有"关闭"按钮）。

图 4.99 提交 Bug

编辑 Bug：对 Bug 进行编辑操作。

复制 Bug：可复制当前的 Bug，在此基础上做改动，避免重新创建的麻烦，如图 4.100 所示。

图 4.100 Bug 处理

4.5.7 用例管理

1. 执行用例

在测试→测试单的用例列表页面,用户可以按照模块来进行选择,例如选择所有指派给自己的用例,查找需要自己执行的用例列表。在用例列表页面,选择某一个用例,然后单击右侧的"执行"按钮,即可执行该用例。测试人员在测试时,推荐在测试单页面执行测试版本所关联的用例列表里的用例,完成测试后生成测试报告。

2. 失败用例提 Bug

如果一个用例执行失败,那么可以直接由这个测试用例创建一个 Bug,而且其重现步骤会自动拼装。可以单击测试→用例列表页右侧的"提 Bug",也可以单击用例的标题进入用例详情页面,如图 4.101 所示。

图 4.101 用例管理

第5章

接口自动化核心技术

5.1 JMeter 工具的作用

Apache JMeter 是桌面应用程序,用于测试客户端/服务端架构,例如 Web 应用程序。它可以用来测试静态和动态资源的性能。

静态文件有 Java Servlet、CGI Scripts、Java Object、数据库和 FTP 服务器等。JMeter可用于模拟大量负载来测试一台服务器、网络或者对象的健壮性,以及分析不同负载下的整体性能。同时,JMeter 可以对应用程序进行回归测试,通过创建的测试脚本和断言来验证程序是否返回了所期待的值。为了提高适应性,JMeter 允许使用正则表达式来创建这些断言。

5.2 JMeter 工具在企业中的应用

JMeter 可以不依赖于界面运行,只要服务正常启动、传递参数明确就可以添加测试用例并执行测试。

测试人员使用 JMeter 测试脚本开发需要熟悉 HTTP 请求和业务流程,这样就可以根据页面中的 input 对象来编写测试用例。JMeter 测试脚本维护方便,可以将测试脚本复制并将某一部分单独保存。JMeter 可以跳过页面限制,向后台程序添加非法数据,测试后台程序的健壮性。利用 badboy 录制测试脚本,可以快速地形成测试脚本。JMeter 断言可以验证代码中是否有需要得到的值。使用参数化及 JMeter 提供的函数功能,可以快速完成测试数据的添加、修改等操作。

JMeter 比较适用于数据添加、数据修改、数据查询的测试,使用其他测试工具虽然也可以完成该类测试,但是利用 JMeter 添加数据更快、更方便,而且 JMeter 不依赖于界面,只要添加数据的参数不改变,无论界面是否有变动都不影响针对数据的操作。

JMeter 不需要关注对象是否被识别的问题,而其他测试工具在录制过程中很容易出现页面对象不能被录制工具识别的问题,因此使用 JMeter 省略了很多关于对象操作的麻烦。

JMeter 的使用更主要的是依赖于对被测项目的认知和熟悉,对于 JMeter 自身的使用技巧要求并不是很高,而其他测试工具需要较长时间的学习如何使用该工具。

JMeter 能够对复杂的业务逻辑进行处理,这些复杂业务逻辑的处理主要运用 JMeter 自身所带的配置元件来实现,对录制的脚本的修改不大,而使用其他测试工具,要实现复杂业务逻辑的测试需要对录制的脚本进行修改,需要工具使用人员有一点的编程能力。因此,使用 JMeter 进行测试对测试人员编程能力的要求不高,同时能够节省大量的修改脚本的时间。

其他测试工具的测试脚本可以通过 CVS 等版本控制工具进行管理,而 JMeter 测试脚本的管理不知道是否可以纳入版本控制,因此,其他测试工具比较适用于大型的、系统的功能测试,而 JMeter 比较适用于随机的、扩展开发不多的项目,也就是说 JMeter 使用起来更灵活。

其他测试工具有大量的验证点可用,并且能够对界面上的内容进行验证,可以验证更多的内容,测试更完全,对于界面变动不大的项目,可以通过修改脚本实现更加全面的自动化测试,而 JMeter 提供的断言功能有限,并且不依赖于界面,无法完成界面相关内容的验证,用 JMeter 测试更需要人工测试和人工确认。

JMeter 作为一个辅助测试工具可以大幅度提高测试人员的效率,而其他测试工具当作辅助测试工具并不能达到和 JMeter 同样的功能。

JMeter 做功能测试的脚本同样可以用来做性能测试,这是其他大多数功能测试工具所不具备的。

5.3 利用 JMeter 测试接口

1. JMeter 的使用步骤

解压 JMeter 安装包,进入 bin 目录,找到 JMeter. bat,双击运行。

打开 JMeter 页面,右击"测试计划"→"添加"→Threads(Users)→"线程组",建立线程组,如图 5.1 所示。

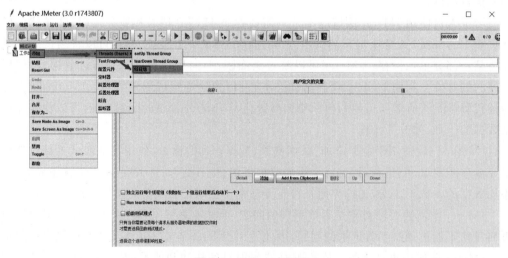

图 5.1 JMeter 主页面

右击"线程组"→"添加"→Sampler→"HTTP请求",在服务器名称或IP文本框中输入对应的端口号,HTTP默认端口号为80,可以不写,如图5.2所示。

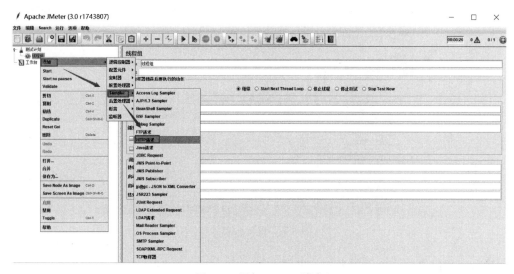

图5.2 添加HTTP请求

以下请求为GET,所以方法选择GET,输入对应的路径,添加参数及值,如图5.3所示。

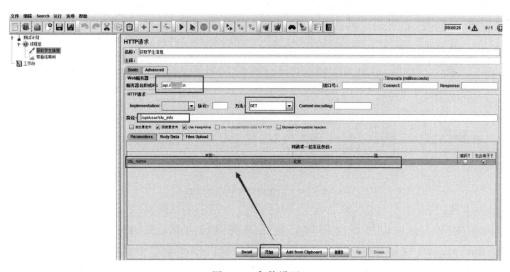

图5.3 参数设置

注意:服务器名称或IP中不用输入http://,请求时会自动添加(即只输入api.test.cn)。

右击"线程组"→"添加"→"监听器"→"察看结果树",添加"察看结果树"察看运行后的结果,如图5.4所示。

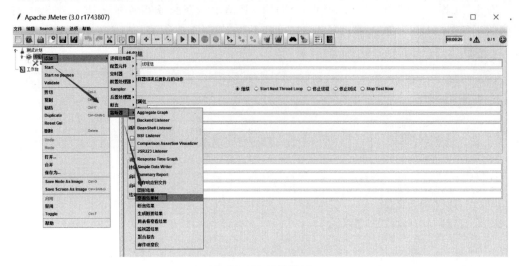

图 5.4　察看结果树

接下来我们通过一个实例来分步讲解。

【例 5.1】　接口请求实例。

1. 用户定义的变量的应用

以获取学生信息接口(stu_info)为例,添加一个用户定义的变量,设置变量 host 及对应的值,如图 5.5 所示。这样在获取学生信息接口(stu_info)时就可以通过 ${host}取得服务器名称或 IP 的值,如图 5.6 所示。

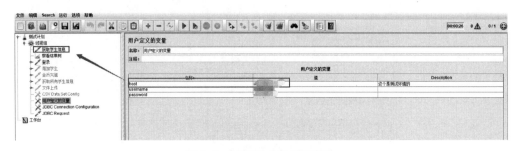

图 5.5　添加用户定义的变量

登录接口(login)也可以应用用户定义的变量的方法,在用户定义的变量中添加 username,passwd 变量及对应的值,应用到登录接口(login)请求中即可,如图 5.7 所示。

2. HTTP Cookie 管理器的应用

以金币充值接口(gold_add)为例,建立一个 HTTP 请求改名为"金币充值",选取请求方式 POST,输入对应的 host、ath 及请求一起发送的参数和值。

由于此接口有权限验证,只有 admin 用户才可以操作,因此需要添加"HTTP Cookie 管理器"以传递 Cookie,如图 5.8 所示。

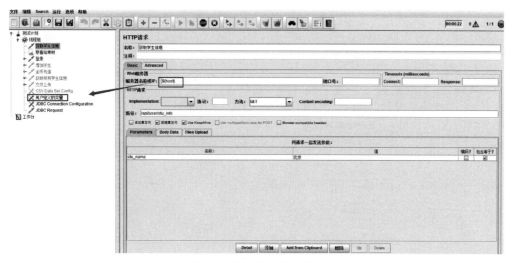

图 5.6 获取学生信息接口

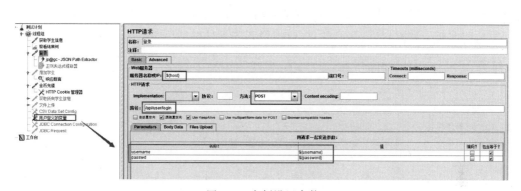

图 5.7 案例设置参数

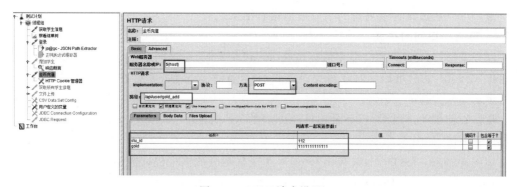

图 5.8 POST 请求设置

添加 HTTP Cookie 管理器的方法如图 5.9 所示,右击"金币充值"→"添加"→"配置元件"→"HTTP Cookie 管理器"。

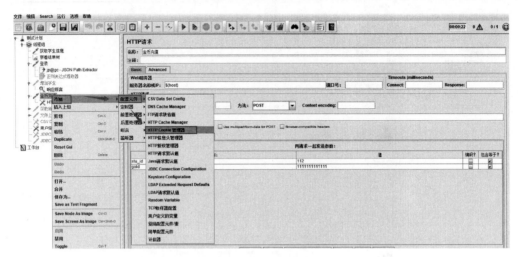

图 5.9　Cookie 配置

设置 Cookie 的名称（即 username 的值）、值（即 login Response 中的 sign 值）和域（已在用户定义的变量中设置，只需输入变量即可，格式为 ${host}），如图 5.10 所示。

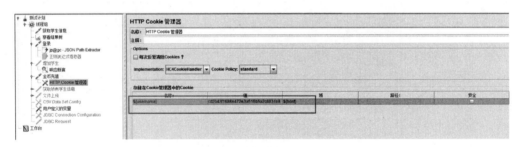

图 5.10　参数设置

最后可以通过察看结果树的响应数据察看结果。

3. 建立接口间的关联

以登录接口（login）和金币充值接口（gold_add）为例，在这两个接口间建立关联，让金币充值接口（gold_add）可以实时取得登录接口（login）的 sign 值，不必在 HTTP Cookie 管理器中手动输入最新的 sign 值。

从察看结果树可以看出，登录接口（login）的 Response 结构为 json 格式，sign 在 login_info 里面一层，如图 5.11 所示。

应用 jp@gc - JSON Path Extractor 来实现从响应数据中提取数值。右击"登录"→"后置处理器"→jp@gc - JSON Path Extractor，如图 5.12 所示。

从察看结果树得到 Response 的结果后，在 Destination Variable Name 中输入 sign2，在 JSONPath Expression 中输入 $.login_info.sign，给金币充值接口（gold_add）使用，如图 5.13 所示。

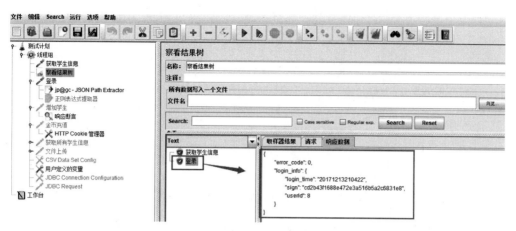

图 5.11　关联代码

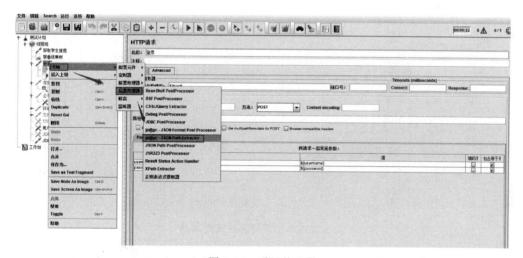

图 5.12　后置处理器

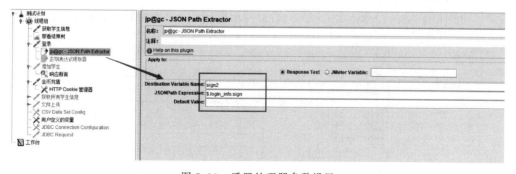

图 5.13　后置处理器参数设置

因此需要在 HTTP Cookie 管理器中设置 \${username} 的值为 \${sign2}，代替之前手动输入的一串码，如图 5.14 所示。

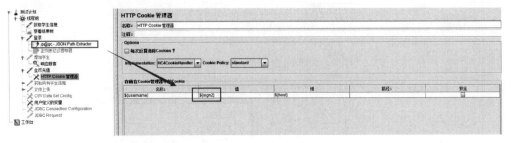

图 5.14　HTTP Cookie 管理器参数设置

右击"添加"→"后置处理器"→"正则表达式提取器"，如图 5.15 所示。

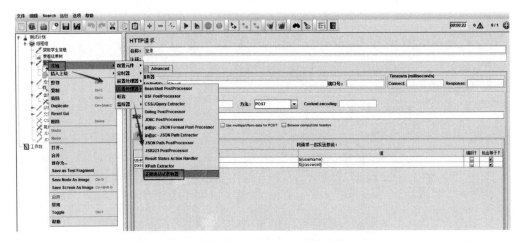

图 5.15　添加正则表达式提取器

输入对应的值，与 jp@gc - JSON Path Extractor 类似，将引用名称设置为 sign2，以保证和 HTTP Cookie 管理器的名称一致。将正则表达式中的公式用 login 接口返回的 "sign":"cd2b43f1688e472e3a516b5a2c6831e8" 一串码用（.＊）替换即可，如图 5.16 所示。

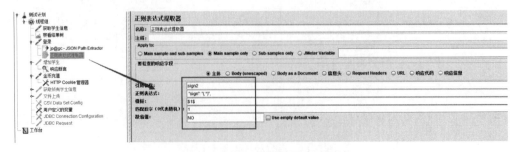

图 5.16　正则表达式提取器参数设置

各参数的含义如图 5.17 所示。

参数	释义
引用名称	在HTTP等请求中，引用此数据，需要用到的名称
正则表达式	用于将需要的数据提取出来
模板	表示使用提取到的第几个值： -1:表示取所有值 0:表示随机取值 1:表示取第1个 2:表示取第2个 以此类推:n:表示取第 n 个
匹配数字（0代表随机）	0 代表随机取值，1 代表全部取值
缺省值	如果正则表达式没有搜找到值，则使用此缺省值

图 5.17　参数含义列表

4. 设置断言

以增加学生接口(add_stu)为例,增加响应断言验证添加的数据是否成功,设置如图 5.18 所示。

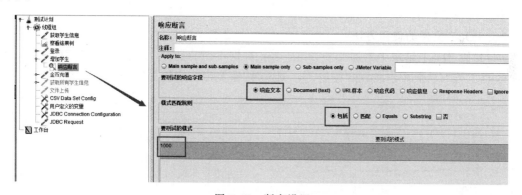

图 5.18　断言设置

从察看结果树可以看到增加学生金币结果为绿色,同时响应数据里的确有断言中设置的 1000,如图 5.19 所示。

5. HTTP 信息头管理器的使用

右击"获取所有学生信息"→"添加"→"配置元件"→"HTTP 信息头管理器",输入对应的名称和值,如图 5.20 所示。

注意:这里的值需要输入完整的 URL,包括 http:// (即输入 http://api.test.cn)。

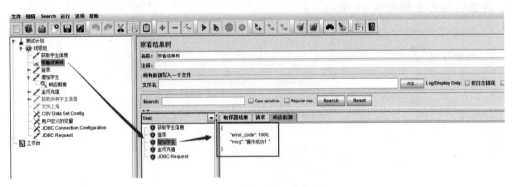

图 5.19 验证添加的数据

图 5.20 输入网址

6. POST 文件的使用方法

与其他 POST 请求中添加 key-value.json 数据不同的是,这里需要在 HTTP 请求中单击"文件上传",然后单击"添加"按钮,再"浏览"按钮上传本地的文件,如图 5.21 所示。

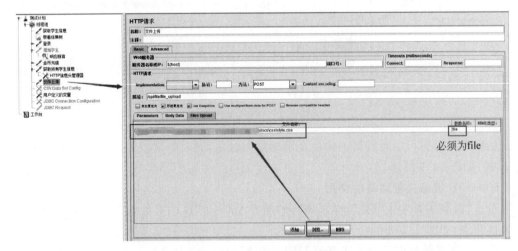

图 5.21 添加 POST 文件

注意：参数名称必须为 file。

7. CSV Data Set Config 和函数助手对话框

以增加学生接口（add_stu）为例，在本地创建一个文件添加 name 和 sex 的值，对脚本设置 5 个线程或者循环 5 次，以加入这 5 个用户，如图 5.22 所示。

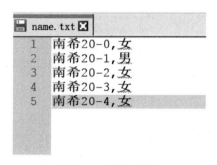

图 5.22 添加参数

右击"线程组"→"添加"→"配置元件"→CSV Data Set Config，如果仅应用于增加学生接口，可以直接在增加学生接口下面创建 CSV Data Set Config，如图 5.23 所示。

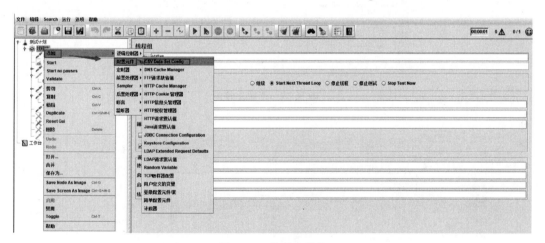

图 5.23 设置参数化

在 Variable Names 文本框中输入 name 和 sex，以逗号隔开。为避免插入的数据乱码，将 File encoding 设置为 utf-8，如图 5.24 所示。

由于 CSV Data Set Config 中的变量名为 name 和 sex，因此在增加学生接口的 Body Data 中将值分别替换为 ${name}，${sex}，如图 5.25 所示。

由于 phone 的唯一性，每次插入一条学生信息时 phone 都要求不一样，所以对后面 8 位用随机函数来实现，如图 5.26 所示。

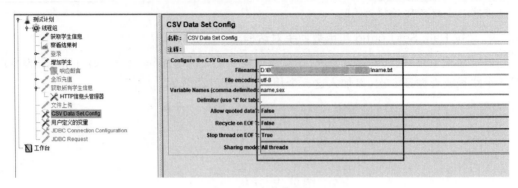

图 5.24 参数值设置

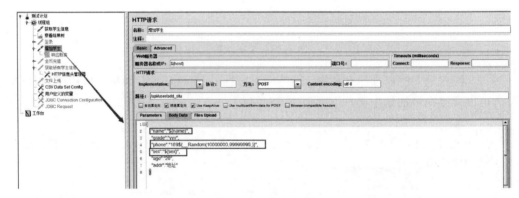

图 5.25 替换参数

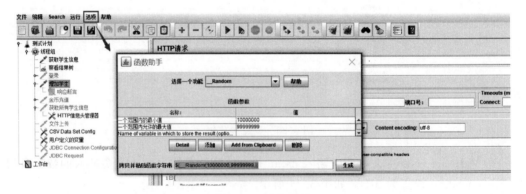

图 5.26 随机函数

8. 数据库的应用

JMeter 驱动数据库列表如图 5.27 所示。

以 MySQL 数据库为例,添加一个 JDBC Connection Configuration,根据图 5.27 中对 MySQL 的要求设置,如图 5.28 所示。

数据库	驱动	数据库URL
MySQL	com.mysql.jdbc.Driver	jdbc:mysql://host:port/{dbname}?allowMultiQueries=true
Oracle	org.postgresql.Driver	jdbc:postgresql:{dbname}
PostgreSQL	oracle.jdbc.driver.OracleDriver	jdbc:oracle:thin:user/pass@//host:port/service
MSSQL	com.microsoft.sqlserver.jdbc.SQLServerDriver 或者 net.sourceforge.jtds.jdbc.Driver	jdbc:sqlserver://IP:1433;databaseName=DBname 或者 jdbc:jtds:sqlserver://localhost:1433/"+"library"

图 5.27 数据库驱动列表

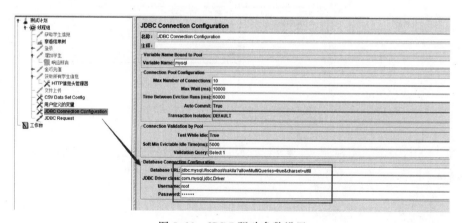

图 5.28 JDBC 驱动参数设置

添加一个 JDBC Request，由于在 Query 中有 insert 和 select，所以 Query Type 需要选择 Callable Statement。如果是单个的 select 或者 insert，可以选取对应的 Select Statement 和 Update Statement，如图 5.29 所示。

从察看结果树看到 JDBC Request 请求成功，响应数据里返回了 insert 和 select 的结果，如图 5.30 所示。

登录 MySQL 数据库，查询发现和 JMeter 中通过察看结果树看到的结果一致，如图 5.31 所示。

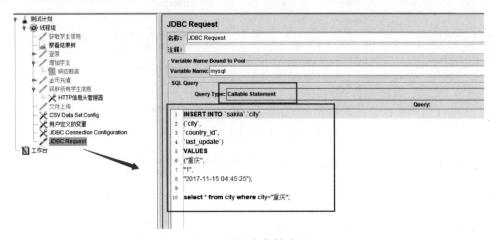

图 5.29 查询条件编写

图 5.30 JDBC Request 请求成功

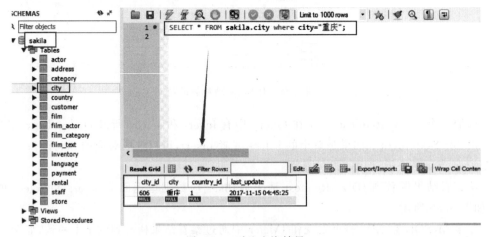

图 5.31 对比查询结果

注意：修改 JMeter 中的中文乱码要在\bin 路径下的 jmeter. properties 文件中设置 sampleresult. default. encoding＝utf-8，如图 5.32 所示。

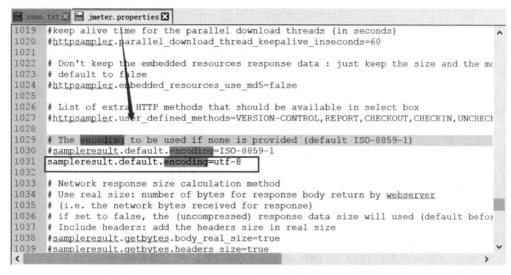

图 5.32　设置 utf-8

对于 JMeter 里中文显示不出来的问题，可以打开\bin 路径下的 jmeter. properties 文件，将这几个 JS 和 js 开头的注释去掉，如图 5.33 所示。

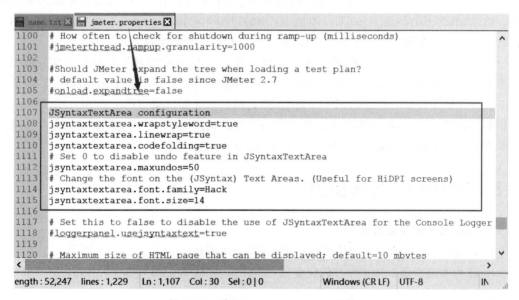

图 5.33　设置 jmeter. properties 文件

以上两个问题，修改后需重启 JMeter 才能起效。

5.4 接口测试中如何分析定位 Bug

我们从在日常功能测试过程中对 UI 的每一次操作就是对一个或者多个接口的一次调用,接口返回的内容(移动端一般为 json)经过前端代码的处理最终展示在页面上。HTTP 接口是离我们最近的一层接口,Web 端和移动端所展示的数据就来自于这层,那么我们如何知道在测试过程中 UI 上的每一次单击都触发调用了哪些接口呢? 请在下面的实例中找答案。

【例 5.2】 你负责测试某电商网站一个用户的订单列表功能,测试过程中发现页面上展示的订单数量与实际数据库里的数量不一致,请大家结合自己平时的工作方式回忆一下如何快速地定位该问题是不是 Bug 或者 Bug 产生的原因是什么?

下面是笔者认为比较合适的定位方式:

(1) 用 Chrome 浏览器打开正在测试的项目,按 F12 键打开开发者工具,切换到 network 标签,访问订单列表页面。

抓取展示订单列表的接口,可以看出本次请求一共传递了 9 个参数,此时打开 RD 提供的接口文档确认需要传递的参数是否传递正确,如果不正确,那么可以判断是前端的 Bug。

如果没有接口文档怎样办? 能看得懂代码的直接看这个接口的定义或者实现,看不懂代码的就只能找后端开发人员去确认了。

(2) 单击 Response 标签复制标签内的内容,为了更好地查看,可以将其粘贴到格式化 json 的(如果返回类型是 json)工具地址上:http://www.bejson.com/,然后查看这里面展示的记录数是不是跟 UI 上展示的一致,如果不一致可以判断是前端的 Bug。

(3) 如果上一步没有问题,请打开系统的 deBug 日志,获取订单的操作最后落到数据库层面就是一个带条件的 select 查询语句,我们从日志中可以获取 select 语句的参数,一般情况下就是在调用接口时传递的那 9 个参数,此时抓取本次接口调用产生的 SQL 语句然后放到数据库客户端上执行,分析查询条件和执行结果的关系,这个过程就是找出错误参数的过程。类似的 deBug 日志如下: select * from model where id=?

5.5 Postman 基础使用

1. Postman 的变量操作

Postman 中变量的类型和作用域范围如图 5.34 所示。

local 为本地变量;data 为参数化变量;environment 为环境变量;collection 为集合变量;global 为全局变量。

2. 常用方法

常用方法有 set(设置)、get(获取)、nuset(清除),代码如下:

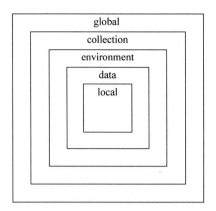

图 5.34　变量作用域

```
    pm.globals.set("variable_key", "variable_value");
    pm.globals.get("variable_key");
    pm.globals.unset("variable_key");
pm.collectionVariables.set("variable_key", "variable_value");
    pm.collectionVariables.get("variable_key");
    pm.collectionVariables.unset("variable_key");
pm.environment.set("variable_key", "variable_value");
    pm.environment.get("variable_key");
pm.environment.unset("variable_key");
pm.variables.set("variable_key", "variable_value");
    pm.variables.get("variable_key");
    pm.variables.unset("variable_key");
    {{username}} 进行变量使用
```

3. 常用检查点

检查响应体是否包含字符串,代码如下:

```
pm.test("Body matches string", function () {
  pm.expect(pm.response.text()).to.include("string_want_to_search");
  });
```

检查响应体是否等于字符串,代码如下:

```
pm.test("Body is correct", function () {
pm.response.to.have.body("response_body_string");
});
```

检查 json 值,代码如下:

```
pm.test("Your test name", function () {
```

```
var jsonData = pm.response.json();
pm.expect(jsonData.value).to.eql(100);
   });
```

检查响应头是否包含字段名,代码如下:

```
pm.test("Content - Type is present", function () {
    pm.response.to.have.header("Content - Type");
});
```

检查响应时间是否小于 200 ms,代码如下:

```
pm.test("Response time is less than 200ms", function () {
pm.expect(pm.response.responseTime).to.be.below(200);
   });
```

检查状态代码是否为 200,代码如下:

```
pm.test("Status code is 200", function () {
pm.response.to.have.status(200);
});
```

检查响应代码名是否包含字符串,代码如下:

```
pm.test("Status code name has string", function () {
pm.response.to.have.status("Created")
; });
```

4. js 基础

常见类型有字符串(String)、数字(Number)、布尔(Boolean)、空(Null)、未定义等。
json 数据操作的代码如下:

```
var map = {
"name":"蔡虚鲲",
"age":99,
"likes":["唱","跳","rap","篮球"]
};
```

获取姓名:map.name
获取年龄类型:typeof(map.age)
获取第二爱好:map.likes[1]
获取爱好个数:map.likes.length
获取最后一个爱好类型:typeof(map.like[map.likes.length-1])

第 6 章 性能测试核心技术

6.1 LoadRunner 工具的用途

LoadRunner 是一种具备高规模适应性的自动负载测试工具,它能测试系统行为、优化系统性能。LoadRunner 强调的是整个企业系统,通过模拟实际用户的操作行为和执行实时性能监测来帮助测试人员更快地确认和查找问题的所在。使用 LoadRunner 的 VirtualUser Generator 引擎能够很简便地模拟应用系统的负载量。该引擎能够生成代理和虚拟用户来模拟业务流程和真正用户的操作行为。

LoadRunner 可以在新系统或升级部署之前找出瓶颈所在,从而帮助防止在生产过程中出现代价高昂的应用程序性能问题。该软件能够测试端对端性能、诊断出应用程序及系统瓶颈并让其发挥更好的性能。

企业的网络应用环境都必须支持大量用户,网络体系架构中含各类应用环境且由不同供应商提供软件和硬件产品。难以预知的用户负载和愈来愈复杂的应用环境使公司时时担心会发生用户响应速度过慢、系统崩溃等问题,这些都不可避免地导致公司收益的损失。Mercury Interactive 的 LoadRunner 能让企业保护自己的收入来源,无须购置额外硬件而最大限度地利用现有的 IT 资源,并确保终端用户在应用系统的各个环节中对其测试应用的质量、可靠性和可扩展性都有良好的评价。

6.2 LoadRunner 使用流程

LoadRunner 组成:VuGen 创建脚本、Controller 设置方案、Analysis 分析测试结果。

LoadRunner 测试过程分为以下几步。

规划测试:分析应用程序、定义测试目标、方案实施。

创建 Vuser 脚本。

创建方案:方案包括运行 Vuser 的计算机的列表、运行 Vuser 脚本的列表,以及在方案执行期间运行的指定数量的 Vuser 或 Vuser 组。

运行方案：可以指示多个 Vuser 同时执行任务，以模拟服务器上的用户负载。可以通过增加或减少同时执行任务的 Vuser 的数量来设置负载级别。

监视方案：使用 LoadRunner 联机运行时事务、系统资源、Web 服务器资源、数据库服务器资源、网络延时、流媒体资源、防火墙服务器资源、Java 性能等应用程序通过部署和中间件性能监视器来监视方案的执行。

分析测试结果：在方案执行期间，LoadRunner 将记录不同负载下的应用程序性能。可以使用 LoadRunner 的图和报告来分析应用程序的性能。

LoadRunner 拥有各种 Vuser 类型，每一类型都适合于特定的负载测试环境，这样就能够使用 Vuser 精确模拟真实世界的情形。Vuser 在方案中执行的操作是用 Vuser 脚本描述的。Vuser 脚本的结构和内容因 Vuser 类型的不同而不同。

注意：VuGen 仅能录制 Windows 平台上的会话，但录制的 Vuser 脚本既可以在 Windows 平台上运行，也可以在 UNIX 平台上运行。

性能测试流程与实施步骤如图 6.1～图 6.4 所示。

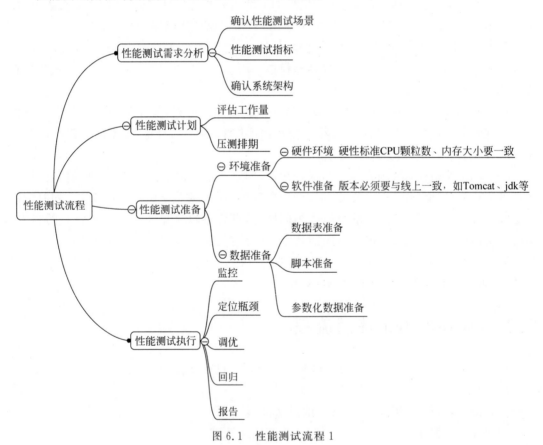

图 6.1　性能测试流程 1

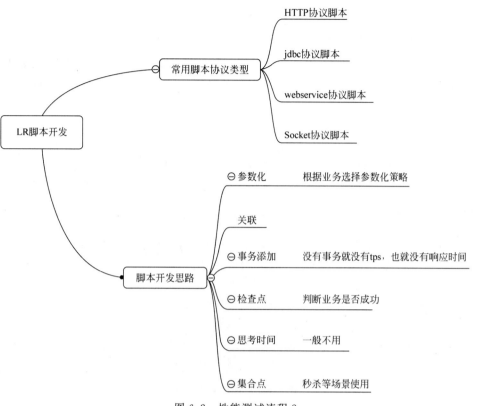

图 6.2 性能测试流程 2

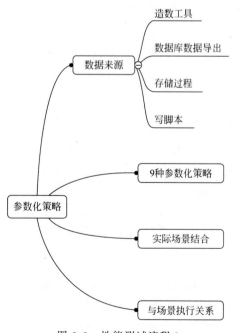

图 6.3 性能测试流程 3

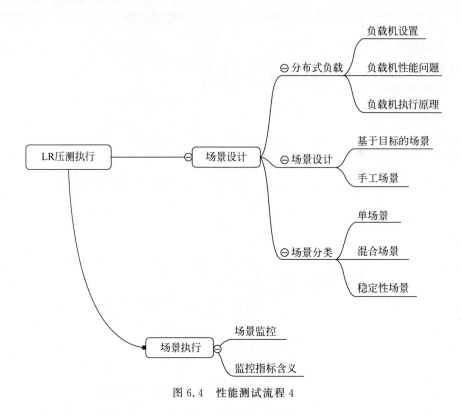

图 6.4　性能测试流程 4

9 种参数化策略如图 6.5 所示。

How ╲ When	Eachiteration	Each occurrence	Once
Sequential	顺序+每次迭代	顺序+每次出现	顺序+只更新一次
Random	随机+每次迭代	随机+每次出现	随机+只更新一次
Unqiue	唯一+每次迭代	唯一+每次出现	唯一+只更新一次

图 6.5　参数化策略

1. 关联的含义

关联(Correlation)：在脚本回放过程中，客户端发出请求，通过关联函数所定义的左右边界值(也就是关联规则)在服务器所响应的内容中查找得到相应的值，以变量的形式替换录制时的静态值，从而向服务器发出正确的请求，这种动态获得服务器响应内容的方法称作关联。

其实关联也属于一种特殊的参数化，只是与一般的参数化有些不同。一般的参数化的参数来源于一个文件、一个定义的 table、通过 SQL 写的一个结果集等，但关联所获得的参数是服务器响应请求所返回的一个符合条件的、动态的值。

2. 什么时候需要做关联

要想弄清这个问题，我们首先要知道客户端与服务器端的请求与响应的过程。

过程说明：客户端发出获得登录页面的请求，服务器端得到该请求后返回登录页面，同时动态生成一个 Session ID。当用户输入用户名和密码请求登录时，该 Session ID 同时被发送到服务器端。如果该 Session ID 在当前会话中有效，那么返回登录成功的页面，如果不正确则登录失败。

在第一次录制过程中 LoadRunner 把这个值记录下来写到了脚本中，但再次回放时，客户端发出同样的请求，而服务器端再一次动态的生成了 Session ID，此时客户端发出的请求就是错误的，为了获得这个动态的 Session ID 这里用到了关联。

所以我们得出结论，当客户端的某个请求是随着服务器端的响应而动态变化时，就需要用到关联。当然我们在录制脚本时应该对测试的项目进行适当的了解，知道哪些请求需要用到服务器响应的动态值。如果我们不明确哪些值需要做关联，可以将脚本录制两遍，通过对比脚本的方法来查找需要关联的部分，但并不是说两次录制的所有不同点都需要关联，这个要具体情况具体分析。

6.3　LoadRunner 与 JMeter 的区别

（1）Loadruner 和 JMeter 的架构原理一样，都是通过中间代理监控并收集并发客户端发现的指令，把它们生成脚本发送到应用服务器，再监控服务器反馈的结果的过程。

（2）Loadruner 和 JMeter 都有分布式代理功能，这个分布式代理指可设置多台代理在不同计算机中，通过远程进行控制，即通过使用多台机器运行所谓的 Agent 来分担 LoadGenerator 自身的压力，并借此获取更大的并发用户数。

（3）LoadRunner 安装包大概有 1GB，安装大概要一个多小时，如果安装过较旧的盗版不能再装新版。JMeter 安装简单，只需要解压 JMeter 文件包到磁盘上就可以了，如果想执行调试测试脚本，前提是安装 jdk 和 netbean 插件。

（4）LoadRunner 有 IP 欺骗功能，JMeter 没有 IP 欺骗功能，IP 欺骗指在一台计算机上有多个 IP 地址来分配给并发用户。这个功能对于模拟较真实的客户环境来说比较有用。

（5）LoadRunner 录制功能强大，JMeter 也提供了一个利用本地 ProxyServer（代理服务器）来录制生成测试脚本的功能，但是这个功能并不好用，测试对象的个别参数却要手工增加上去，还得附带安装 IE 代理，例如 GoogleToolbarDownloader 这些插件来捕捉参数。但是有一个工具 badboy，利用这个工具可以录制操作，然后选择将脚本保存为 JMeter 脚本，JMeter 即可以打开并修改脚本。

（6）LoadRunner 统计报表丰富，JMeter 的报表较少，以分析测试性能不足作为依据。如要知道数据库服务器或应用程序服务的 CPU、内存等参数，需在相关服务器上另外写脚本记录服务器的性能。

（7）LoadRunner 可以在场景中选择要设置什么样的场景，然后选择虚拟用户数。JMeter 做性能测试主要通过增加线程组的数目，或者设置循环次数来增加并发用户。

（8）LoadRunner 通过测试场景控制测试行为，JMeter 通过逻辑控制器实现复杂的测试行为。

（9）LoadRunner 主要用作性能测试，JMeter 还可以做 Web 程序的功能测试，利用JMeter 中的样本可以做灰盒测试。

（10）LoadRunner 是商业软件，正版有技术支持。JMeter 是开源的，需要自己结合公司业务去考量。

（11）LoadRunner 除了复杂的场景设置外，还需要掌握函数才能修改脚本。JMeter 的脚本修改，主要看测试人员对 JMeter 中各个部件的熟悉程度，以及对一些相关协议的掌握情况。

6.4　性能测试的企业案例

【例 6.1】　某电商网站性能测试。

某网站是一个面向宠物爱好者的电商网站，以某开源电子商务网站为基础根据公司实际需求进行二次开发完成的。网站业务包括注册与登录、首页热点宠物展示、宠物详情页、我的账户、搜索、支付系统等。平台基础环境包括 Web 服务器、业务应用服务器、数据库服务器、缓存服务器等类型。平台基于 .NETFramework 技术开发，使用了微软的 Windows Server 2003 操作系统、Microsoft SQL Server 2005 数据库、IISWeb 服务器等产品。过段时间，网站将进行推广及促销活动，会迎来比较大的访问量，为了预估未来可能发生的性能问题，决定对本网站进行性能测试。

本系统业务架构是在 Microsoft 的 .NET 平台上开发的，主要为了满足用户在线选购宠物的需求。整个系统完全对外开放，用户可以在该系统进行注册、登录、搜索、下单、支付等操作。系统的主要功能模块如下：

（1）注册与登录：输入必填的注册信息并审核通过后，方可使用该账号登录系统进行后续操作。

（2）首页：展示热门的宠物简介、购买量、评论等来吸引用户。

（3）宠物浏览：包括宠物类别浏览、宠物详细信息浏览、库存信息浏览、评论信息浏览等。

（4）购物车：记录并展示用户加入购物车的宠物，这里保存的宠物并没有结算，只是有购买意向。

（5）下单与支付：如果用户确定购买某宠物，需要下单并计算金额，下单成功后需要在2h 内完成支付，否则取消本次订单。

（6）搜索：供用户对本系统内的宠物进行模糊查找，没有设置查询间隔时间。一般对于这样的搜索会设定一个时间间隔达到减小压力的目的,尤其是对于基数比较大的网站。

(7) 后台管理:对系统中的宠物信息、评论等进行维护,系统架构如图 6.6 所示。

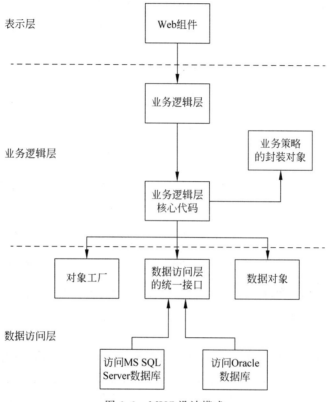

图 6.6　MVC 设计模式

具体架构分析如下:

(1) 表示层:它是系统的 UI 部分,用户通过此层与整个系统进行交互。由于业务和设计的关系,本系统并没有严格按照 3 层架构的思想实现,表示层和业务逻辑层之间有较高的耦合度,但也是在可接受范围内的。

(2) 业务逻辑层:它是整个系统的核心,负责实际业务的逻辑处理。在本系统中,业务逻辑层完成如登录、查询、添加到购物车、下单等业务逻辑。如果涉及数据库的访问,则会调用数据访问层。在业务逻辑层中,不能直接访问数据库,而必须通过数据访问层,这样可达到层与层之间的松耦合。

(3) 数据访问层:主要负责数据库的访问。简单地说就是实现对表的增、删、改、查。在数据访问层中,本系统很好地体现了面向接口的编程思想。将数据访问层的统一接口模块抽象出来,脱离了与具体数据库的依赖,这是非常好的做法。对 MS SQL Server 和 Oracle 数据库的操作均通过封装的统一接口模块来调用,大大提高了灵活性,并且减少了向下的依赖,对于上层的业务逻辑层而言,仅存在弱依赖关系。本系统对接的数据库是 MS

SQL Server,Oracle 则是为了以后和其他系统进行对接融合而预留的接口。

1. 测试环境需求确认与搭建

熟悉业务、系统架构后,接下来需要和相关人员确认测试环境的需求。例如需要部署几台服务器、数据库、什么需要配置,以及对应的版本要求等。确认完成后便可搭建环境,需要和相关人员确认测试环境的需求。这里需要注意考虑环境的备份与恢复策略。最终确认本次测试将在内网中进行,避免带宽带来的影响。具体环境清单如表 6.1 所示。

表 6.1　后台环境清单

名　称	硬　件　配　置	软　件　配　置
数据服务器	OS Windows Server 2003(1 台) 处理器:Intel(R) Core(TM)2 Duo CPU T9550@2.66GHz 内存:2GB	MS SQL Server 2005 企业版
应用服务器	OS Windows Server 2003(1 台) 处理器:Intel(R) Core(TM)2 Duo CPU T9550@2.66GHz 内存:2GB	IIS6
负载生成器	OS Windows 7 64 位(1 台) 处理器:Intel(R)Core(TM)i-5-4200U CPU@1.60GHz 内存:4GB	LoadRunner 11

2. 业务建模与用例设计

1) 业务场景分析

单场景分析:此场景测试主要针对单个重要的、核心的业务进行性能测试。本系统的单业务场景为登录、搜索、浏览。

登录:系统最基本的功能,也是大多数用户最常用的功能,而且下单、支付操作的前提都需要登录成功,所以登录是此次单业务场景测试的重点。

搜索:在种类繁多的网站中,用户通常会使用搜索功能来找到自己需要的商品,存在大量的查询操作。搜索考验数据库设计及 SQL 性能,因此也纳入此次单业务场景测试的重点。

浏览:用于展示宠物的信息,也是用户经常进行的操作,以查询为主,所以浏览也是此次单业务场景测试的重点。

2) 组合业务场景分析

组合业务场景测试主要对典型的业务进行组合,一起执行性能测试。选用重要的、常用的业务进行合理组合,以最大程度模拟真实用户的使用情况。根据运营部门提供的分析数据,确定了本系统的组合业务场景为不同用户登录系统后,一部分进行搜索操作,另一部分进行浏览操作,其余部分进行下单和支付操作。

3) 稳定性场景分析

主要针对系统在长时间压力下是否能稳定运行。由于之前在系统长时间运行期间偶尔会出现访问突然变慢的现象,所以此次稳定性测试也需重点进行,观察系统在长时间压力下的表现。稳定性场景的产生通常基于组合业务场景进行设计。本次稳定性测试场景为不同用户登录系统后,一部分进行搜索操作,另一部分进行浏览操作,其余部分进行下单和支付操作。

性能需求分析与提取:一般遇见的性能测试需求有以下几种情景,已经明确给出了性能预期指标。

对某业务并发 20 个用户,平均响应时间要≥3s,事务成功率为 100%,CPU 使用率≥85%,内存使用率≥85%等这样类似的指标。这种情景只需要根据执行分析结果与预期指标做对比,如果有不满足的,就需要分析问题所在。

性能需求无明确要求,需要自己挖掘或者和团队一起分析也许是经常遇到的情景。对于这样的情况,可以求助运营、运维人员根据线上监控的数据作为参考进行性能测试指标的分析与提取,这样得出的数据还是比较准确的。当然如果连运维都没有,也没有线上的监控,那只能靠自己查找相关资料和类似的系统做对比,然后确定性能测试需求的指标。

对于本系统而言,我们模拟第二种情景来分析。根据运维的数据,最高时候一天的页面浏览量大概为 17 万。大部分的访问请求集中在中午休息时段,大概在 12:30 到 13:00。接下来与产品等相关人员讨论响应时间的指标。如果所有人都毫无头绪,那么可以选取业界中的经验值 2s、5s、8s。2s 左右是非常理想的状态,5s 刚刚让人能接受,8s 会使人急躁放弃本次请求或者重复发起多次请求。

通过上面的分析我们得出如下结论:并发用户数是 50 个,系统访问的高峰期大概持续30min,同时还要关注服务器相关指标,例如 CPU、内存、IO 等。经过需求分析,我们提取出性能指标如表 6.2 所示。

表 6-2　性能指标值

业务描述	平均事务响应时间	事务成功率	CPU 使用率	内存使用率
登录	2s	100%	≤55%	≤50%
搜索	2s	100%	≤55%	≤50%
浏览	2s	100%	≤55%	≤50%
组合业务(登录、搜索、浏览、下单)	无	100%	≤60%	≤55%
稳定性测试	无	100%	≤65%	≤60%

3. 性能测试用例设计

并发登录测试用例如图 6.7 所示。

用例编号:C1。
业务描述:登录。
场景描述:打开首页,进入登录页面,填写登录信息并提交。
测试策略:模拟 50 个并发用户数进行测试。
脚本设置关键点:参数化用户名、封装事务、添加思考时间。
场景设置关键点:以慢增长方式加压,持续 30min。
重点关注指标:响应时间、TPS、吞吐量、成功事务数、OS、DB 等。
预期指标:平均响应时间≤2s,事务成功率为 100%,CPU 使用率≤55%,内存使用率≤50%。

图 6.7　登录性能测试用例

并发搜索测试用例如图 6.8 所示。

用例编号：C2。

业务描述：搜索。

场景描述：打开首页,输入热门关键词进行搜索。

测试策略：模拟 50 个并发用户数进行测试。

脚本设置关键点：参数化用户名、封装事务、添加思考时间。

场景设置关键点：以慢增长方式加压,持续 30min。

重点关注指标：响应时间、TPS、吞吐量、成功事务数、OS、DB 等。

预期指标：平均响应时间≤2s,事务成功率为 100％,CPU 使用率≤55％,内存使用率≤50％。

图 6.8　并发搜索测试用例

并发浏览测试用例如图 6.9 所示。

用例编号：C3。

业务描述：浏览。

场景描述：打开首页,进入某宠物详情页浏览。

测试策略：模拟 50 个并发用户数进行测试。

脚本设置关键点：参数化页面的 URL、封装事务、添加思考时间。

场景设置关键点：以慢增长方式加压,持续 30min。

重点关注指标：响应时间、TPS、吞吐量、成功事务数、OS、DB 等。

预期指标：平均响应时间≤2s,事务成功率为 100％,CPU 使用率≤55％,内存使用率≤50％。

图 6.9　并发浏览测试用例

并发组合业务测试用例如图 6.10 所示。

用例编号：C4。

业务描述：不同用户登录系统后,一部分进行搜索操作,另一部分进行浏览操作,其余部分进行下单操作。

场景描述：不同用户登录系统后,35％进行搜索操作,30％进行浏览操作,25％进行下单操作,10％进行其他操作。

测试策略：模拟 50 个并发用户数进行测试。

脚本设置关键点：参数化、封装事务、添加思考时间。

场景设置关键点：以慢增长方式加压,持续 30min。

重点关注指标：响应时间、TPS、吞吐量、成功事务数、OS、DB 等。

预期指标：事务成功率为 100％,CPU 使用率≤60％,内存使用率≤55％。

图 6.10　并发组合业务测试用例

稳定性测试用例如图 6.11 所示。

用例编号：C5。

业务描述：不同用户登录系统后，一部分进行搜索操作，另一部分进行浏览操作，其余部分进行下单操作。

场景描述：不同用户登录系统后，35%进行搜索操作，30%进行浏览操作，25%进行下单操作，10%进行其他操作。

测试策略：模拟50个并发用户数进行测试。

脚本设置关键点：参数化、封装事务、添加思考时间。

场景设置关键点：以慢增长方式加压，持续5h。

重点关注指标：响应时间、TPS、吞吐量、成功事务数、OS、DB等。

预期指标：事务成功率为100%，CPU使用率≤65%，内存使用率≤60%。

图 6.11　稳定性测试用例

4. 脚本开发与优化

本系统为典型的 Web 系统，所以采用 Web(HTTP/HTML)协议。在实际动手之前，应该先与开发人员沟通，了解哪些值是动态变化的，这些值可能需要在脚本中关联。通常 hidden 标签中的值应该都需要关联。

下面将对单业务中的登录、搜索、浏览、并发组合业务及稳定性进行脚本的录制、优化与调试。

（1）登录业务脚本相对简单，基本思路为打开登录页，提交登录信息。由于该业务脚本需要反复迭代，所以均放在 Action 中，同时对用户名进行参数化。代码如图 6.12 和图 6.13 所示。

```
Action()
{
  web_set_max_html_param_len("1024");
  // 关联 ViewState 的值
  web_reg_save_param("Siebel_Analytic_ViewState2",
    "LB/IC=ViewState\" value=\"",
    "RB/IC=\"",
    "Ord=1",
    "Search=Body",
    "RelFrameId=1",
    LAST);
  // 关联 event 的值
  web_reg_save_param("event",
    "LB=id=\"__EVENTVALIDATION\" value=\"",
    "RB=\" />",
    LAST );
  // 打开登录页面
  web_url("SignIn.aspx",
    "URL=http://192.168.3.9/SignIn.aspx",
    "TargetFrame=",
    "Resource=0",
    "RecContentType=text/html",
    "Referer=",
    "Snapshot=t3.inf",
    "Mode=HTML",
```

图 6.12　登录脚本 1

```
       LAST);
  // 登录事务, 参数化用户名 username
  lr_start_transaction("sign_in");
  web_submit_data("SignIn.aspx_2",
    "Action=http://192.168.3.9/SignIn.aspx",
    "Method=POST",
    "TargetFrame=",
    "RecContentType=text/html",
    "Referer=http://192.168.3.9/SignIn.aspx",
    "Snapshot=t5.inf",
    "Mode=HTML",
    ITEMDATA,
    "Name=__EVENTTARGET", "Value=", ENDITEM,
    "Name=__EVENTARGUMENT", "Value=", ENDITEM,
    "Name=__VIEWSTATE", "Value={Siebel_Analytic_ViewState2}", ENDITEM,
    "Name=__EVENTVALIDATION", "Value={event}", ENDITEM,
    "Name=ct100$txtSearch", "Value=", ENDITEM,
    "Name=ct100$Categories$repCategories$ct101$hidCategoryId","Value=BIRDS", ENDITEM,
    "Name=ct100$Categories$repCategories$ct102$hidCategoryId","Value=BUGS", ENDITEM,
    "Name=ct100$Categories$repCategories$ct103$hidCategoryId","Value=BYARD", ENDITEM,
    "Name=ct100$Categories$repCategories$ct104$hidCategoryId","Value=EDANGER", ENDITEM,
    "Name=ct100$Categories$repCategories$ct105$hidCategoryId","Value=FISH", ENDITEM,
    "Name=ct100$cphPage$Login$UserName", "Value={username}", ENDITEM,
    "Name=ct100$cphPage$Login$Password", "Value=pass@word1", ENDITEM,
    "Name=ct100$cphPage$Login$LoginButton", "Value=Sign In", ENDITEM,
    LAST);
  lr_end_transaction("sign_in", LR_AUTO);
  return 0;
}
```

图 6.13　登录脚本 2

（2）搜索业务脚本也相对简单，基本思路为在搜索框内输入关键字进行搜索。为了模拟多用户的差异化搜索，需要对搜索关键字进行参数化，这里选择热门搜索关键字和冷门搜索关键字的组合。由于该业务脚本需要反复迭代，所以均放在 Action 中，代码如图 6.14 和图 6.15 所示。

```
Action()
{
    //搜索事务
    lr_start_transaction("search");

    web_url("Search.aspx",
        "URL=http://127.0.0.1:1080/WebTours/index.htm",
        "TargetFrame=",
        "Resource=0",
        "RecContentType=text/html",
        "Referer=",
        "Snapshot=t1.inf",
        "Mode=HTML",
        LAST);
```

图 6.14　脚本添加事务开始

```
            "Mode=HTML",
            LAST);
    lr_end_transaction("search", LR_AUTO);
    return 0;
}
```

图 6.15　脚本添加事务结束

（3）浏览业务脚本中包含了列表页浏览、单品页浏览。列表页的浏览需要对 categoryId 进行参数化、单品页的浏览需要对 productId 进行参数化，它们都对应业务类别的 ID 值，需要提前预备好，否则会出现 404 页面。由于该业务脚本需要反复迭代，所以均放在 Action 中，代码如图 6.16 所示。

```
Action()
{
    // 浏览列表事务，参数化 categoryId
    lr_start_transaction("view_list");
    web_url("Products.aspx",
        "URL=http://192.168.3.9/Products.aspx?page=0&categoryId={categoryId}",
        "TargetFrame=",
        "Resource=0",
        "RecContentType=text/html",
        "Referer=http://192.168.3.9/",
        "Snapshot=t4.inf",
        "Mode=HTML",
        LAST);
    lr_end_transaction("view_list", LR_AUTO);
    // 浏览单品页事务，参数化 productId
    lr_start_transaction("view_one");
    web_url("Items.aspx",
        "URL=http://192.168.3.9/Items.aspx?productId={productId}",
        "TargetFrame=",
        "Resource=0",
        "RecContentType=text/html",
        "Referer=http://192.168.3.9/Products.aspx?page=0&categoryId=BIRDS",
        "Snapshot=t6.inf",
        "Mode=HTML",
        LAST);
    lr_end_transaction("view_one", LR_AUTO);
    return 0;
}
```

图 6.16　浏览业务脚本

（4）并发组合业务脚本比较复杂，主要表现在以下几点。

不同用户登录系统后需要按比例分配。35%进行搜索操作，30%进行浏览操作，25%进行下单操作，10%进行其他操作。

需要将每个业务操作封装成事务，同时对参数进行参数化。

需要关联的地方比较多，每个页面都需要从前一个页面获取很多动态变化的值，只要有一个值不正确，脚本就无法通过。组合业务脚本结构如图 6.17 和图 6.18 所示。

（5）执行测试：脚本调试成功后就要运行场景了，场景运行工作中通常选择手动设置场景的方式。以稳定性场景为例，具体设置如图 6.19 所示。

最终的场景效果如图 6.20 所示。

场景执行后的效果如图 6.21 所示。

（6）性能测试分析与调优建议：性能测试结束后把得出的实际指标和预期指标对比，看测试是否能够通过。测试结果对比如表 6.3 所示。

最终得出的结论如下：浏览、并发组合业务及稳定性的性能测试未通过，没有达到预期指标。大部分业务存在一个共性问题即占用的内存比较多，可能在全表扫描、缓存、SQL、处理器方面存在问题。

图 6.17 组合业务脚本 1

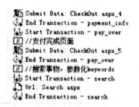

图 6.18 组合业务脚本 2

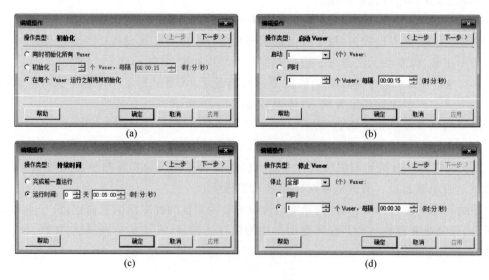

图 6.19 稳定性脚本执行

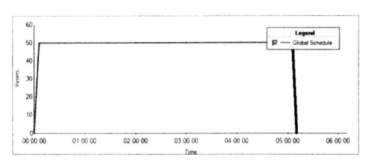

图 6.20　场景效果

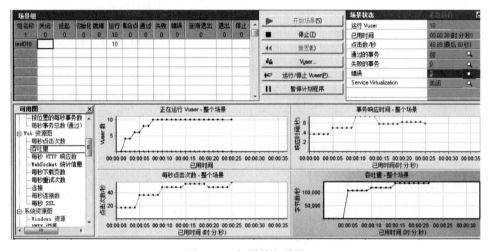

图 6.21　场景执行效果

表 6.3　性能预期结果与实际结果

测试点	预期值	实际值	结　　论
登录	平均响应时间≤2s 事务成功率100% CPU 使用率≤55% 内存使用率≤50%	平均响应时间＝0.644s 事务成功率＝100% CPU 使用率＝27% 内存使用率＝50% 标准差＝0.206 最大响应时间＝3.609s	通过测试 　从各项指标的数值可以得出登录业务符合预期的性能指标。标准差为0.206,比较小、整体比较稳定。 　但发现 SQL Server 中的 Full Scans/sec 指标值比较高,可能全表扫描的频率过高,后续进行分析
搜索	平均响应时间≤2s 事务成功率100% CPU 使用率≤55% 内存使用率≤50%	平均响应时间＝0.959s 事务成功率＝100% CPU 使用率＝35% 内存使用率＝50% 标准差＝0.398 最大响应时间＝19.409s	通过测试 　从各项指标的数值可以得出搜索业务符合预期的性能指标。标准差为0.398,比较小、整体比较稳定。 　但最大响应时间高达19s多,需要后期分析 SQL 及索引等

续表

测试点	预期值	实际值	绪　　论
浏览	平均响应时间≤2s 事务成功率100% CPU 使用率≤55% 内存使用率≤50%	平均响应时间＝2.064s 事务成功率＝100% CPU 使用率＝15% 内存使用率＝65% 标准差＝0.724 最大响应时间＝16.794s	未通过测试 　平均响应时间和内存使用率并未达到预期，而且最大的响应时间高达16s 多。 　对于浏览这样的业务，大部分会访问缓存，可能是缓存利用率不高，后续应该查看缓存参数的设置是否需要调整。
组合	事务成功率100% CPU 使用率≤60% 内存使用率≤55%	登录平均响应时间＝0.829s 搜索平均响应时间＝0.376s 浏览平均响应时间＝0.6s 下单支付平均响应时间＝2.834s 事务成功率均为100% CPU 使用率＝35% 内存使用率＝20%	未通过测试 　内存使用率高于预期指标，其余指标符合预期，因为下单支付是十分重要的业务，性能越高越好，虽然此处表现尚可，不过后续还应该分析能否再提高。 　同时在监控中发现 Processor Queue Length 一直比较高，可能存在处理器阻塞的问题
稳定性	事务成功率100% CPU 使用率≤65% 内存使用率≤60%	登录平均响应时间＝0.917s 搜索平均响应时间＝0.418s 浏览平均响应时间＝0.675s 下单支付平均响应时间＝2.004s 事务成功率＝100% CPU 使用率＝45% 内存使用率＝75%	未通过测试 　内存使用率比较高，同时发现 Processor Queue Length 一直比较高，全表扫描频率也比较高

6.5　常用 LR 函数

1. 基础函数

lr_start_transaction　　　　开始事务

lr_end_transaction　　　　　结束事务

lr_rendezvous　　　　　　　集合点

lr_think_time　　　　　　　思考时间

2. 请求函数

web_link　　　　　　　　　依赖上下文 GET 请求

web_url　　　　　　　　　　独立 GET 请求

web_submit_form　　　　　　依赖上下文 POST 请求

web_submit_data　　　　　　独立 POST 请求

web_custom_request　　　　自定义请求

3. 字符串处理函数

lr_eval_string	读取 LR 变量
lr_save_string	创建 LR 变量
lr_get_attrib_string	获取 Attrib 变量
lr_get_host_name	获取主机名

4. 输出函数

lr_message	打印消息
lr_log_message	在日志中打印消息
lr_output_message	带行号打印消息
lr_error_message	打印错误消息
lr_set_deBug_message	打印调试消息

5. 其他函数

web_reg_find	检查点
web_reg_save_param	关联函数
web_save_header	获取请求和响应的头信息
web_add_cookie	添加 cookie

第 7 章　手机测试核心技术

7.1　adb 工具的用途与常用命令

（1）获取连接的设备：adb devices。

（2）启动 adb 服务：adb start-server。

（3）关闭 adb 服务：adb kill-server。

（4）连接设备：adb connect。

（5）断开设备：adb disconnect。

（6）安装软件：adb install 文件名称 apk。

（7）重新安装该软件：adb install -r 文件名称 apk。

（8）卸载 apk 软件：adb uninstall apk 包名。

（9）查看手机上的运行日志，可以用此项来查错：adb logcat。

（10）查看手机是否连接，以及连接了几个手机：adb devices。

A 为手机路径，B 为计算机路径，把文件从手机中复制到计算机上：

adb pull ＜A＞＜B＞

A 为手机路径，B 为计算机路径，把文件从计算机复制到手机上：

adb push ＜B＞＜A＞

（11）进入手机的超级终端 Terminal：adb Shell。

（12）AM 命令：Activity Manager。

① 直接启动：adb Shell am start -n packagename/activity；

② 先停止，再启动：adb Shell am start -S packagename/activity；

③ 等待启动完成：adb Shell am start -W packagename/activity；

④ 打电话：action adb Shell am start -a android. intent. action. CALL -d tel：10086；

⑤ 打开网页：adb Shell am start -a android. intent. action. VIEW -d http：//xx. com；

⑥ 打开软件启动监控：adb Shell am monitor；

⑦ 强制关闭 App adb Shell am force-stop packagename。

（13）PM 命令：Package Manager。

① 列出安装的所有应用名：adb Shell pm list package；

② 所有第三方包：adb Shell pm list package -3；

③ 包详细信息：adb Shell pm dump packagename；

④ 安装应用包的 apk 位置：adb Shell pm path；

⑤ 安装设备上的 apk：adb Shell pm install。

（14）Input 命令。

① 键盘输入 aaa：adb Shell input text aaa；

② 模拟单击 x＝300、y＝700：adb Shell input tap 300 700；

③ 单击 home 键：adb Shell input keyenvent KEYCODE_HOME；

④ 滑动 x1、y1、x2、y2：adb Shell input swipe 600 700 200 700。

（15）重新挂载文件系统：adb remount。

（16）获取序列号：adb get-serialno。

（17）打印出内核的调试信息：adb Shell dmesg。

（18）重启手机：adb reboot。

（19）重启到 recovery 界面：adb reboot recovery。

（20）重启到 bootloader 界面：adb reboot bootloader。

（21）查看版本：adb version。

（22）列出系统应用的所有包名：adb Shell pm list packages -s。

（23）列出除了系统应用的第三方应用包名：adb Shell pm list packages -3。

查看型号：adb Shell getprop ro. product. model。

查看电量：adb Shell dumpsys battery。

查看系统版本：adb Shell getprop ro. build. version. release。

7.2　monkey 工具的用途与企业应用

对手机执行 monkey 命令：

```
adb Shell monkey – p com. android. calculator2 5000
adb Shell monkey – p 包名(程序名) 事件的次数
```

每次随机事件的时间间隔：

```
adbShell monkey -p com. android. calculator2 -- throttle 1000 5000
```

在 cmd 中结果 monkey 进程。

```
结束 monkey
adbShell ps | findstr monkey 查到 PID
结束 kill - 9 pid
```

monkey 命令常用参数举例。

```
adb Shell monkey - p com.android.calculator2 -- pct - touch 100 -- throttle 1000 5000
adb Shell monkey - p 报名 事件 百分比 事件 百分比 -- throttle 毫秒 事件次数
事件 5000 全部是单击事件 间隔 1s
```

通过种子来进行 monkey：

```
adb Shell monkey - v - v - v - s 1547445100593 - p com.android.calculator2 5
会生成种子
adb Shell monkey - v - v - v - s 种子号 - p 包名 次数

Shell monkey - s 1556712164450 - p com.android.calculator2 50
```

种子带包含了事件、百分比、事件间隔等：

```
adb Shell monkey -- ignore - crashes - v 100
-- ignore - crashes
```

运行中忽略 crash，遇到 crash 依然把后面的事件跑完：

```
adb Shell monkey -- ignore - timeouts - v 100
-- ignore - timeouts
```

运行中忽略 ANR，遇到 ANR 后继续执行随机事件。

7.3 ADM（Android Device Monitor）DDMS 工具的用途与企业应用

查看内存信息使用 DDMS 中自带的 Heap，它可以显示当前应用占用的内存，剩余的内存等信息。

开发设计一个文档管理库的难点是如何应对数量庞大的文档，涉及内存管理的知识，需要使用 VMHeap。

第 1 步：选择要测试的 App 应用。在 data object 一行中有一列是 Total Size，其值就是当前进程中所有 Java 对象的内存总量，一般情况下这个值决定了是否会有内存泄漏。

LogCat 的使用需添加过滤，如图 7.1 所示。单击"＋"按钮弹出过滤设置窗口，在 by PID 中填写要关注的 PID 号，例如 48；在 by Log Message 中填写要关注的具体信息，例如

DEBUG；在 by Log Tag 中填写要关注的 Tag 信息，例如 b6f5ce9c。

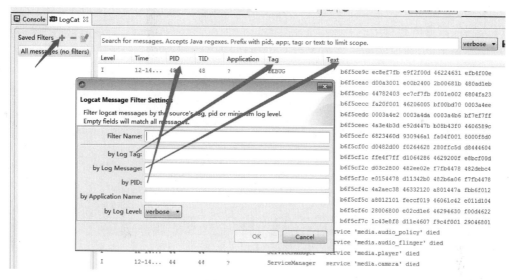

图 7.1　LogCat 使用

文件管理的使用如图 7.2 所示，①为下载文件；②为上传文件；③为删除文件；④为添加新文件。

Name	Size	Date	Time	Permissions	Info
▷ 🗁 acct		2019-12-14	08:12	drwxr-xr-x	
▷ 🗁 cache		2019-12-14	08:12	drwxrwx---	
▷ 🗁 config		2019-12-14	08:12	dr-x------	
🗁 d		2019-12-14	08:12	lrwxrwxrwx	-> /sys/ker...
▲ 🗁 data		2019-12-14	08:12	drwxrwx--x	
▲ 🗁 app		2019-12-14	08:19	drwxrwx--x	
🇨 ApiDemos.apk	4764089	2014-01-17	21:18	-rw-r--r--	
📄 ApiDemos.odex	1579120	2014-01-17	21:18	-rw-r--r--	
🇨 CubeLiveWallpapers.apk	19329	2014-01-17	21:17	-rw-r--r--	
📄 CubeLiveWallpapers.odex	15080	2014-01-17	21:17	-rw-r--r--	
🇨 GestureBuilder.apk	27684	2014-01-17	21:17	-rw-r--r--	
📄 GestureBuilder.odex	23240	2014-01-17	21:17	-rw-r--r--	
▷ 🗁 New Folder		2019-12-14	08:19	drwxrwxrwx	
🇨 SmokeTest.apk	7977	2014-01-17	21:15	-rw-r--r--	
📄 SmokeTest.odex	12496	2014-01-17	21:15	-rw-r--r--	

图 7.2　文件管理

File Explorer 选项卡：打开 File Explorer 后，右上角的 4 个按钮可实现对 Android 手机文件系统的上传、下载、删除和添加操作。File Explorer 中的 3 个目录为 data、sdcard、system。

data 对应手机的 RAM，存放 Android 运行时的 cache 等临时数据（/data/dalvik-cache 目录）；sdcard 对应 sd 卡；system 对应手机的 ROM，OS 及系统自带的 apk 程序等存放在这里。

使用 LogCat 面板查看并保存日志：Android 日志系统提供了记录和查看系统调试信

息的功能,可查看和保存 LogCat 日志。

在 Telephony Actions 下的 Incoming number 文本框中输入对方电话号码,Voice 和 SMS 分别代表电话和短信。

① 模拟来电,选择 Voice,然后单击 Call 按钮,如图 7.3 所示。

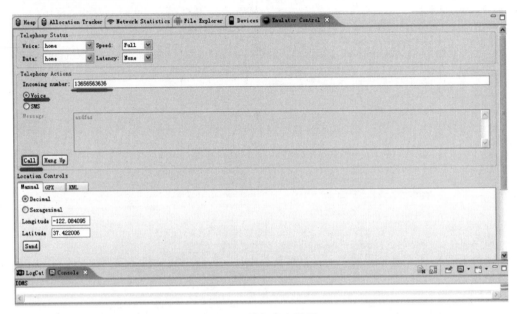

图 7.3　模拟来电设置

② 模拟短信,选择 SMS,在 Message 输入框里输入短信内容,然后单击 Send 按钮发送,如图 7.4 所示。

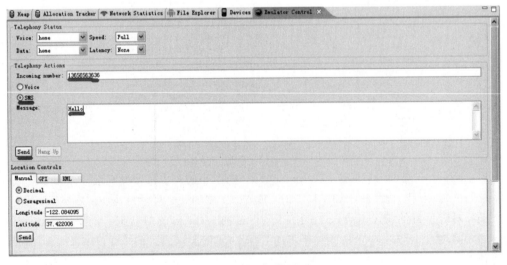

图 7.4　模拟短信设置

使用内存跟踪功能,首先选择跟踪的应用,然后单击上方的"跟踪"工具按钮。清除单击 Cause GC 按钮,位置可查看内存变动,如图 7.5 所示。打开 AndroidStudio,单击 Tools,再单击 Android Device Monitor 即可进入 DDMS 界面。选中需要测试的进程 com. android. launcher3,然后在工具栏上单击 Heap Updates 按钮(见①),再单击 Heap 按钮(见②),进程上出现相应的图标(见③)。在右边的 Heap 分页上单击 Cause GC 按钮(见④),就会显示 Heap 内存的一些基本数据(见⑤和⑥)。

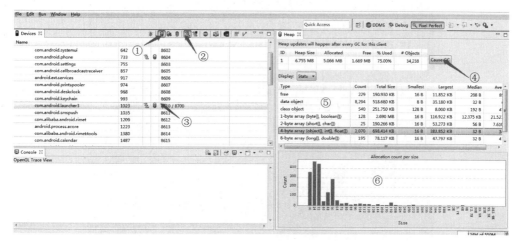

图 7.5 查看内存跟踪

7.4 AndroidStudio 监控工具

先启动模拟器,选择被检测模拟器,然后单击"启动监控"工具按钮,如图 7.6 所示。

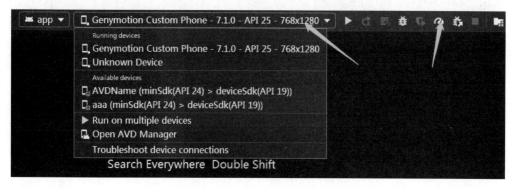

图 7.6 AndroidStudio 监控工具

选择启动监控,设置如图 7.7 所示。

单击 Profile 按钮,下方会出现监控窗口,单击"+"添加监控,如图 7.8 所示。

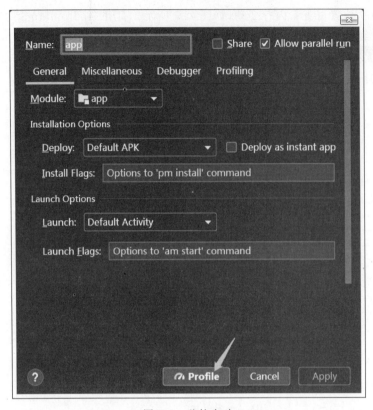

图 7.7 监控启动

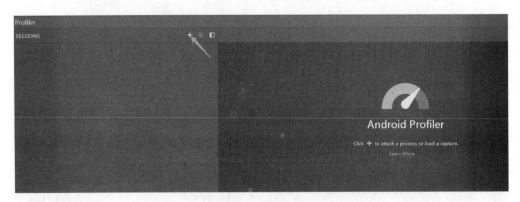

图 7.8 添加监控

选择模拟器和监控的进程如图 7.9 所示。

这里我们以阿里巴巴的钉钉为例,如图 7.10 所示。选中需要测试的进程 com. alibaba. android. rimet,单击 Other processes。

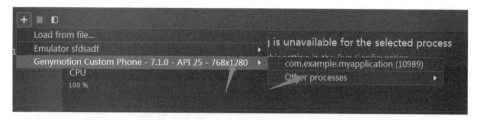

图 7.9 进程查看

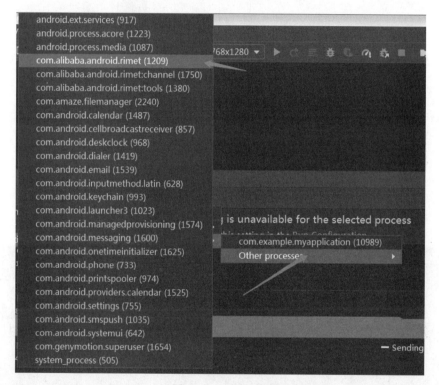

图 7.10 查看进程

该软件的模拟器程序如图 7.11 所示。

添加后会出现 SESSIONS，如图 7.12 所示。

这里可以选择监控的内容有 CPU、MEMORY(内存)和 NETWORK(网络)，如图 7.13 所示。

选择 CPU，单击 Record 按钮，如图 7.14 所示。

软件开始记录 CPU 的使用情况，如图 7.15 所示。

单击 Stop 按钮结束录制，如图 7.16 所示。

自动分析后显示 CPU 占用时间的信息，如图 7.17 所示。

使用同样操作步骤录制内存的使用情况，如图 7.18 所示。

自动分析后显示内存信息，如图 7.19 所示。

使用同样的步骤录制网络资源使用情况，如图 7.20 所示。

图 7.11　模拟器程序

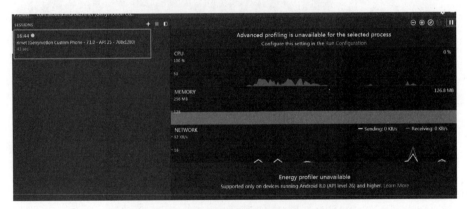

图 7.12　添加 SESSIONS

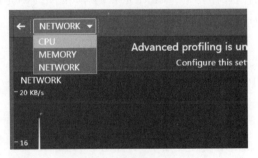

图 7.13　监控 CPU

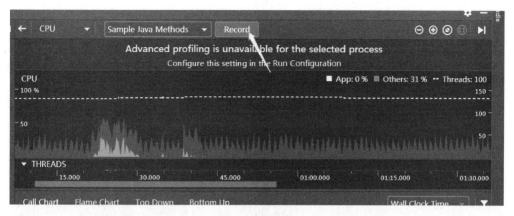

图 7.14　录制

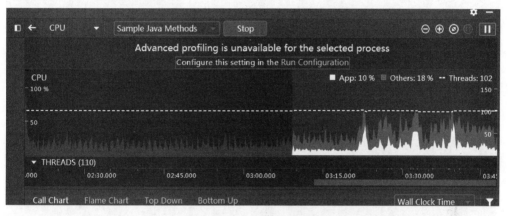

图 7.15　CPU 的录制过程

图 7.16　结束录制

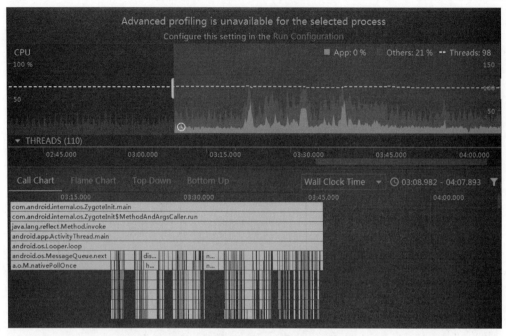

图 7.17　自动分析 CPU 使用时间

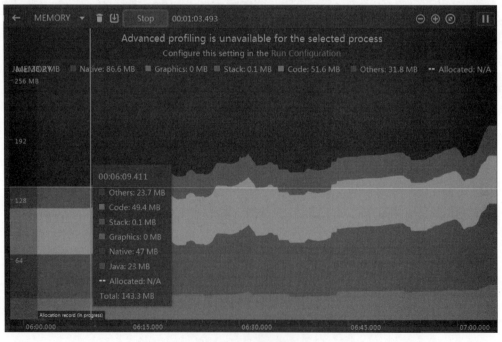

图 7.18　录制内存

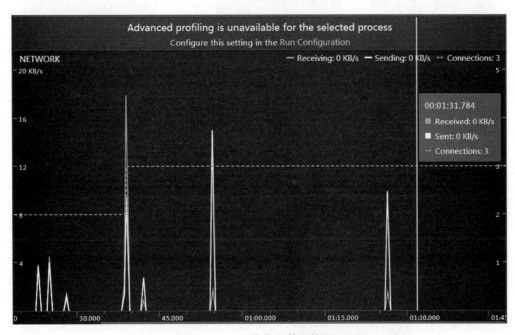

图 7.19　分析内存信息

图 7.20　网络资源使用情况

7.5　腾讯 GT 工具的用途与企业应用

1．基本性能测试

GT 支持获取手机整机的 CPU、内存、帧率(FPS,Android 4.x 版本需在开发者选项中勾选"禁用硬件叠加"后,才能得到准确的帧率数值)、流量(WiFi/3G/2G)、信号强度、电流电量(有限机型支持)、单个应用(支持多进程的应用)的 CPU 和流量信息。

(1) 像安装普通 App 一样安装 GT 到手机(GT.apk)。

(2) 从手机上启动已安装的 GT,如图 7.21 所示。

（3）选择一个已安装到手机的 App 作为被测应用，如图 7.22 所示。

①单击箭头
进入选择应
用界面

②单击QQ
浏览器，将
其作为被测
App

图 7.21　启动 GT　　　　　　图 7.22　选择一个被测 App

（4）选择被测 App 关注的性能信息，如图 7.23 所示。

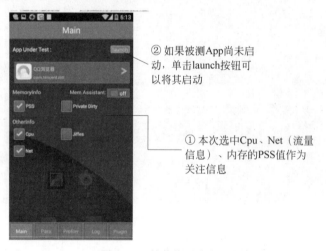

②如果被测App尚未启
动，单击launch按钮可
以将其启动

①本次选中Cpu、Net（流量
信息）、内存的PSS值作为
关注信息

图 7.23　性能指示含义

（5）启动被测应用后回到 GT 界面，如图 7.24 所示。

（6）选择本次要测试的性能指标（包括整机性能信息），如图 7.25 所示。

（7）选择需要时刻关注的性能指标，如图 7.26 所示。

（8）选择需要采集历史记录的指标，如图 7.27 所示。

（9）进入被测应用界面，启动数据采集开始测试，如图 7.28 所示。

（10）测试完毕后停止数据采集，如图 7.29 所示。

（11）查看性能指标历史数据，如图 7.30 所示。

单击左图或通知栏的GT logo回到GT界面

图 7.24　返回 GT 界面

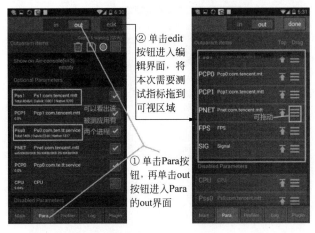

② 单击edit按钮进入编辑界面，将本次需要测试指标拖到可视区域

① 单击Para按钮，再单击out按钮进入Para的out界面

图 7.25　性能指标查看

可以将需要时刻关注的指标拖动到这个区域，该区域最多可以容纳3条关注项

图 7.26　拖动关注项

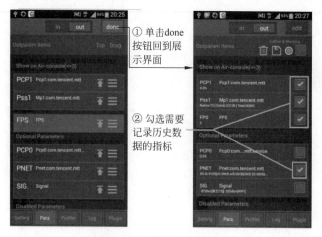

图 7.27　选择历史数据指标

图 7.28　启动数据采集

图 7.29　停止采集

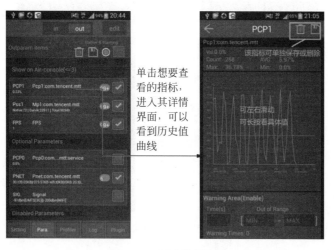

图 7.30　历史数据查看

（12）批量保存性能数据，如图 7.31 所示。

图 7.31　批量保存性能数据

（13）批量删除性能数据，如图 7.32 所示。

（14）将手机连接计算机查看已保存的性能数据（此处使用计算机端的应用宝辅助查看），如图 7.33 所示。

2．流量测试

（1）先运行被测应用，然后启动 GT 并在 GT 上选择被测应用及被测项 Net（流量），如图 7.34 所示。

（2）业务操作前启动数据采集，将会记录选中应用的流量变化，为了方便统计，可以先把业务操作前发生的流量记录归零，勾选 PNET，然后单击"删除"工具按钮，如图 7.35 所示。

① 单击"删除"工具按钮,将所有已勾选的指标的历史数据批量删除

② 单击OK按钮确认删除

图 7.32   批量删除数据

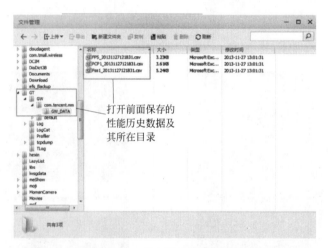

打开前面保存的性能历史数据及其所在目录

图 7.33   保存性能历史数据

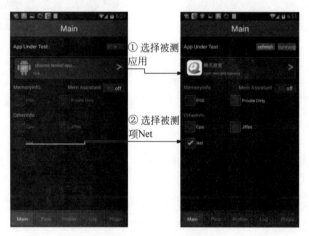

① 选择被测应用

② 选择被测项Net

图 7.34   流量测试

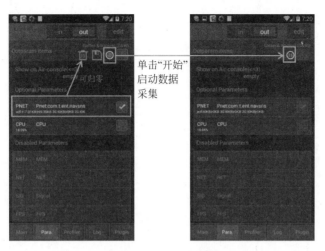

图 7.35　启动数据采集

（3）返回到被测应用界面，执行需测试的业务操作。

（4）业务操作后，回到 GT 界面，停止流量数据的采集，查看本次业务操作流量的变化，如图 7.36 所示。

一个业务操作过程中消耗的流量如图 7.36 所示，包括发出请求的流量、收到响应结果的流量、流量消耗曲线等。

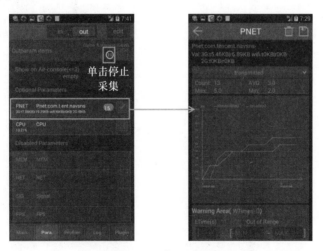

图 7.36　停止采集

（5）保存本次测试结果到文件夹，以备后面更深入的分析，如图 7.37 所示。测试文件的内容如图 7.38 所示。

可以用 Excel 导出 GT 应用里显示的趋势图，如图 7.39 所示。

图 7.37　保存测试文件

	A	B	C	D
1	key	Pnet:com.tencent.navsns		
2	alias	PNET		
3	unit	(KB)		
4	begin dat	########		
5	end date	########		
6	count	15		
7				
8		transmitt	received	
9	min	2	3	
10	max	5	10	
11	avg	3	4	
12				
13	28:41.3	0	0	
14	28:42.3	2	0	
15	28:56.6	2	3	
16	29:11.1	3	4	
17	29:12.1	4	4	
18	29:13.1	4	4	
19	29:14.1	4	5	
20	29:23.4	4	5	
21	29:24.4	4	5	
22	29:27.6	4	6	
23	29:31.6	5	6	
24	29:42.9	5	6	
25	29:43.9	5	6	
26	31:56.3	5	6	
27	31:57.3	5	10	

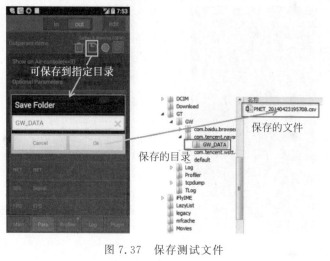

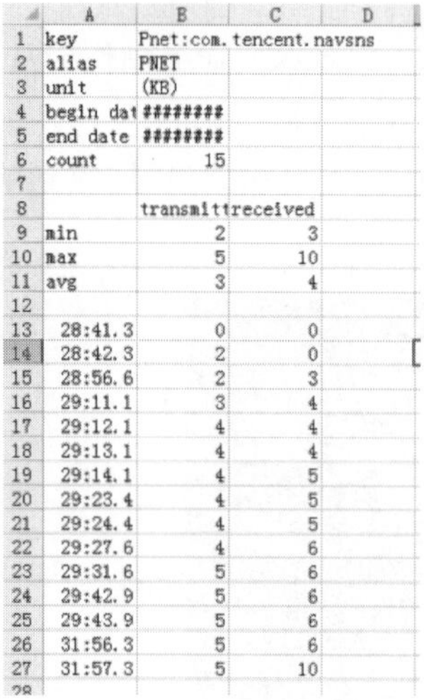

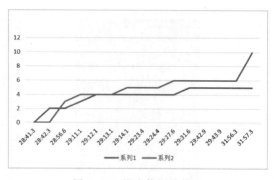

图 7.38　测试文件内容

图 7.39　导出使用趋势图

第8章

Java 面试题

1. 面向对象的特征有哪些方面?

答:面向对象的特征主要有以下几个方面:

(1)抽象:抽象是将一类对象的共同特征总结出来构造类的过程,包括数据抽象和行为抽象两方面。抽象只关注对象有哪些属性和行为,并不关注这些行为的细节是什么。

(2)继承:继承是从已有类得到继承信息创建新类的过程。提供继承信息的类称为父类(超类、基类);得到继承信息的类称为子类(派生类)。继承让变化中的软件系统有了一定的延续性,同时继承也是封装程序中可变因素的重要手段。

(3)封装:通常认为封装是把数据和操作数据的方法绑定起来,对数据的访问只能通过已定义的接口。面向对象的本质就是将现实世界描绘成一系列完全自治、封闭的对象。我们在类中编写的方法就是对实现细节的一种封装,编写一个类就是对数据和数据操作的封装。

(4)多态性:多态性是指允许不同子类型的对象对同一消息做出不同的响应。简单地说就是用同样的对象调用同样的方法,但是做了不同的事情。

2. 访问修饰符 public、private、protected 及不写(默认)时的区别是什么?

答:区别如下:

作用域当前类、同包子类、其他类的成员不写访问修饰时默认为 default。默认对于同一个包中的其他类相当于公开(public),对于不是同一个包中的其他类相当于私有(private)。受保护(protected)对子类相当于公开,对不是同一包中的没有父子关系的类相当于私有,如表 8.1 所示。

表 8.1　修饰符使用范围

修饰符	当前类	同一包内	子孙类(同一包)	子孙类(不同包)	其他包
public	Y	Y	Y	Y	Y
protected	Y	Y	Y	Y/N(说明)	N
default	Y	Y	Y	N	N
private	Y	N	N	N	N

3. String 是最基本的数据类型吗？

答：不是。Java 中的基本数据类型只有 8 个：byte、short、int、long、float、double、char、boolean。除了基本类型（primitive type）和枚举类型（enumeration type），剩下的都是引用类型（reference type）。

4. float f＝3.4;是否正确？

答：不正确。3.4 是双精度数，将双精度型（double）赋值给浮点型（float）属于下转型（down-casting,也称为窄化）会造成精度损失,因此需要强制类型转换 float f ＝（float）3.4;或者写成 float f＝3.4F;。

5. short s1＝1; s1＝s1＋1;有错吗？ short s1＝1; s1＋＝1;有错吗?

答：对于 short s1＝1; s1＝s1＋1;由于 1 是 int 类型,因此 s1＋1 运算结果也是 int 型,需要强制转换类型才能赋值给 short 型。而 short s1＝1; s1＋＝1;可以正确编译,因为 s1＋＝1;相当于 s1＝（short）（s1＋1）;其中有隐含的强制类型转换。

6. JRE 和 JDK 的区别是什么？

答：Java 运行时环境（JRE）是将要执行 Java 程序的 Java 虚拟机,它同时包含了执行 Applet 需要的浏览器插件。Java 开发工具包（JDK）是完整的 Java 软件开发包,包含了 JRE、编译器和其他的工具（如 JavaDoc、Java 调试器）,可以让开发者开发、编译、执行 Java 应用程序。

7. static 关键字是什么意思？ Java 中是否可以覆盖（override）一个 private 或者 static 的方法？

答：static 关键字表明一个成员变量或者成员方法可以在没有所属的类的实例变量的情况下被访问。

Java 中 static 方法不能被覆盖,因为方法覆盖是基于运行时动态绑定的,而 static 方法是编译时静态绑定的。static 方法跟类的任何实例都不相关,所以概念上不适用。

8. Java 中的方法重载（Overloading）和方法覆盖（Overriding）是什么意思？

答：Java 中的方法重载发生在同一个类里面两个或者多个方法的方法名相同,但是参数不同的情况。与此相对,方法覆盖指子类重新定义了父类的方法。方法覆盖必须有相同的方法名、参数列表和返回类型。覆盖者可能不会限制它所覆盖的方法的访问。

9. Java 中,什么是构造函数？ 什么是构造函数重载？

答：当创建新对象的时候,构造函数会被调用。每一个类都有构造函数。在程序员没有给类提供构造函数的情况下,Java 编译器会为这个类创建一个默认的构造函数。

Java 中构造函数重载和方法重载很相似,可以为一个类创建多个构造函数。每一个构造函数必须有它自己唯一的参数列表。

10. Java 支持多继承么？

答：Java 不支持多继承。每个类只能继承一个类,但是可以多重继承,例如 A 继承 B,B 继承 C。

11. Java(until)集合类框架的基本接口有哪些?

答：集合类接口指定了一组叫作元素的对象。集合类接口每一种具体的实现类都可以选择以它自己的方式对元素进行保存和排序。有些集合类允许重复的键,有些不允许。

Java 集合类提供了一套设计良好的、支持对一组对象进行操作的接口和类。Java 集合类里面最基本的接口有:

Collection：代表一组对象,每一个对象都是它的子元素。

Set：不包含重复元素的 Collection。

List：有顺序的 Collection,并且可以包含重复元素。

Map：可以把键(key)映射到值(value)的对象,键不能重复。

12. 构造器(Constructor)是否可被重写(override)?

答：构造器不能被继承,因此不能被重写,但可以被重载。

13. 是否可以继承 String 类?

答：String 类是 final 类,不可以被继承。

14. 数组(Array)([ ])和列表(ArrayList)有什么区别? 什么时候应该使用 Array 而不是 ArrayList?

答：Array 可以包含基本类型和对象类型,ArrayList 只能包含对象类型；Array 的大小是固定的,ArrayList 的大小是动态变化的；ArrayList 提供了更多的方法和特性,例如 addAll(),removeAll(),iterator()等。

15. 写一个 arr 的冒泡排序。

答：

```
int[ ] arr = {6,3,8,2,9,1};
    for (int j = 0; j < arr.length – 1; j++) {
        for (int i = 0; i < arr.length – 1; i++) {
            if (arr[i]> arr[i + 1]){
                int linShi = arr[i];
                arr[i] = arr[i + 1];
                arr[i + 1] = linShi;
            }
        }
    }
```

第 9 章

Selenium 面试题

1. 什么是自动化测试？自动化测试的优势在哪里？

答：广义上来说，凡是用工具或者脚本来取代手工测试执行过程的测试都叫作自动化测试。优势如下：

（1）减少回归测试成本。

（2）减少兼容性测试成本。

（3）提高测试反馈速度。

（4）提高测试覆盖率（数据驱动）。

（5）让测试工程师解放出来做更有意义的测试。

2. 什么样的项目比较适合自动化测试，什么样的项目不适合自动化测试？

答：适合的项目：

（1）项目周期长，且相对稳定。

（2）需要做频繁的冒烟测试。

（3）需要经常做回归测试。

（4）需要做大数据量的数据驱动测试。

不适合的项目：

（1）项目周期短，用例不会被多次重复执行。

（2）被测项目不稳定，变化很频繁。

3. 你们公司的自动化测试流程是怎样的？

答：分以下步骤进行：

（1）选定合适的测试工具。

（2）定义自动化测试范围。

（3）制订自动化测试计划。

（4）搭建自动化测试环境。

（5）开发自动化测试脚本。

（6）执行自动化测试。

（7）执行脚本维护。

4. 制订自动化测试计划时应考虑哪些因素？

答：应考虑以下因素：

（1）选定适当的测试工具或者分析当前工具是否适用于新项目。

（2）选择合适的自动化测试框架。

（3）确定要做自动化测试的范围和不做自动化测试的范围。

（4）测试环境的准备与搭建。

（5）制订粗略的脚本开发时间表。

（6）制订脚本的一些策略，例如冒烟测试的频率、回归测试的时间点和频率等。

（7）定义自动化测试的输出。

5. 你一天能编写多少个自动化测试脚本？

答：取决于测试场景的复杂程度。一般一天 3～5 个，复杂的一天只能编写一个。

6. 做自动化测试时应关注哪些指标？

答：关注以下指标：

（1）自动化测试用例的覆盖率。

（2）节省的时间成本。

（3）自动化测试的投入。

（4）自动化测试发现的缺陷数。

（5）投入/产出比（ROI）：（测试成本－自动化测试成本）/自动化测试成本。

7. 自动化测试能否达到 100% 的覆盖率？

答：几乎不可能。因为首先有些用例场景不可能被自动化；其次有些很简单的用例没必要自动化；最后部分边缘性质的用例极少被重复执行。自动化测试的目标追求的是高 ROI 而非单纯的高覆盖率。

8. 你在做自动化测试时遇到过什么问题？

答：主要有几点：

（1）项目流程不规范，项目内容变动频繁，导致自动化用例维护成本居高不下。解决方案是深入理解用户需求，规范化项目流程，自动化测试优先覆盖已经稳定的功能模块。

（2）对自动化测试期望过高。自动化测试是一个逐步完善的过程，不可能一下子就完全取代手工测试。

（3）有些自动化测试工程师的编程水平不足。这需要提升测试人员的技术水平。

9. 写出 Selenium 启动火狐、谷歌、IE 浏览器的语句。

答：

```
from Selenium import webdriver
driver = webdriver.FireFox();
driver = webdriver.Chrome();
driver = webdriver.IE();
```

这 3 种浏览器需要分别配置 Selenium 专用的驱动文件。

10．Selenium 中常用的等待方式有几种？

答：有 3 种。

（1）强制固定等待：

```
import time
time.sleep(x 秒)
```

（2）隐式等待：

```
driver.implictily_wait()
```

（3）显示等待：

使用 WebDriverWait 类，再配合 until()及 until_not()方法。

11．driver.close()和 driver.quit()的区别何在？

答：同时打开多个页面时，driver.close()只关闭当前页面，而 driver.quit()会关闭整个浏览器。

12．什么是线性脚本框架？什么是数据驱动测试？什么是关键字驱动测试？什么是混合框架？

答：线性脚本框架是通过录制直接产生的线性执行的脚本，类似于宏录制。

数据驱动测试是相同的测试脚本使用不同的测试数据执行，测试数据和测试行为完全分离。关键字驱动测试是数据驱动测试的一种改进类型。脚本、数据、业务分离，数据和关键字在不同的数据表中，通过关键字来驱动测试业务逻辑。关键字驱动脚本的特点是它用来描述一个测试事例做什么，而不是如何做，测试脚本调用测试用例再具体执行。

混合框架是最普遍的执行框架，是上面介绍的所有技术的结合，取其长处，弥补其不足。混合测试框架是由大部分框架随着时间并经过若干项目演化而来的。

13．Selenium WebDriver 中的定位方式有哪几种？

答：定位方式有以下几种：

（1）ID(编号)。

（2）Name(名称)。

（3）CSS。

（4）XPath。

（5）Class name(类名称)。

（6）TagName(标签名称)。

（7）LinkText(链接文本)。

（8）Partial Link Text(部分链接文本)。

14．如何定位属性动态变化的元素？

答：先去找该元素不变的属性，要是都变，那就找不变的父元素，用层级定位(以不变应万变）。

15. **举例讲解一下你在 Selenium 自动化测试过程中遇到过哪些异常。**

（面试官通过这个问题大概就能知道你写过多少脚本。）

答：写脚本过程最常见的异常是这个元素无法找到。常见的 Selenium 异常有以下这些：

（1）ElementNotSelectableException：元素不能选择异常。

（2）ElementNotVisibleException：元素不可见异常。

（3）NoSuchAttributeException：没有这种属性异常。

（4）NoSuchElementException：没有该元素异常。

（5）NoSuchFrameException：没有该 Frame 异常。

（6）TimeoutException：超时异常。

（7）Element not visible at this point：在当前点元素不可见。

16. **如何处理 alert 弹窗？**

答：常见的 alert 弹窗有两种：基于 Windows 弹窗和基于 Web 页面弹窗。WebDriver 能够处理 alert 弹窗，Selenium 提供了 alert 接口。相关操作代码如下：

```
//切换到 alert
Alert alert = driver.switchTo().alert();
//单击弹窗的确定按钮
alert.accept();
//单击弹窗的取消按钮
alert.dismiss()
//获取弹窗上线上的文本文字内容
alert.getText();
//有些弹窗还支持文本输入,可以把要输入字符通过 sendkeys 方法输入
alert.sendkeys();
```

17. **在 Selenium 中如何处理多窗口跳转问题？**

答：多窗口之间跳转处理在实际 Selenium 自动化测试中经常遇到。当单击一个链接时，这个链接会在一个新的 Tab 打开，然后需要查找元素在新 Tab 打开的页面，所以这里需要用到 switchTo 方法。首先获取当前浏览器多窗口句柄，然后根据判断跳转是新句柄还是旧句柄。

18. **如何处理下拉菜单？**

答：通常可以通过 Click 方法单击下拉菜单里面的元素，还有一种方法，在 Selenium 中有一个类叫 Select，支持下拉菜单交互的操作。

基本使用语法是：

```
Select Se = new Select(element);
Se.selectByIndex(index);
Se.selectByvalue(value);
```

```
Se.selectByVisibleText(text);
```

19．对日历这种 Web 表单你是如何处理的？

答：首先要分析当前网页试用日历插件的前端代码，看看能不能通过元素定位，单击日期实现，如果不能，可能需要借助 JavaScript。还有些日历控件一个文本输入框，可以直接使用 sendKeys（）方法实现传入一个时间的数据。

20．在 Selenium 中如何保证操作元素的成功率？ 也就是说如何保证我单击的元素一定是可以单击的？

答：被单击的元素一定要占一定的空间，因为 Selenium 默认会去点这个元素的中心点，不占空间的元素算不出来中心点。

被单击的元素不能被其他元素遮挡。

被单击的元素不能在 viewport 之外，也就是说元素必须是可见的或者通过滚动条操作使元素可见。

使用 element.is_enabled（）（Python 代码）判断元素是否可以被单击，如果返回 false 证明元素可能灰化了，这时候就不能被单击。

21．Selenium 的原理是什么？

答：Selenium 的原理涉及 3 个部分，分别是浏览器、Driver 和 Client。

Client 其实并不知道浏览器是怎样工作的，但是 Driver 知道。在 Selenium 启动以后，Driver 其实充当了服务器的角色，跟 Client 和浏览器通信，Client 根据 WebDriver 协议发送请求给 Driver，Driver 解析请求，并在浏览器上执行相应的操作，再把执行结果返回给 Client。这就是 Selenium 工作的大致原理。

22．自动化测试用例从哪里来？

答：从手工测试用例中抽取，简单而且需要反复回归稳定，也就是不要经常改变核心功能，优先覆盖核心功能。

23．自动化测试最大的缺陷是什么？

答：实现成本高，运行速度较慢，需要一定的编程能力才能及时维护。

24．单击链接以后，Selenium 是否会自动等待该页面加载完毕？

答：不会。有时当 Selenium 并未加载完一个页面时再请求页面资源，则会误报不存在此元素。所以首先我们应该考虑判断 Selenium 是否加载完此页面，其次再通过函数查找该元素。

25．WebDriver 可以用来做接口测试吗？

答：不可以。WebDriver 是 UI 层的自动化测试工具。

26．公司内一直在使用的测试系统（B/S 架构）突然不能访问了，需要你进行排查并恢复，说出你的检查方法。

答：检查方法如下：

（1）网站输入域名无法访问，在开始菜单运行中输入 cmd，在弹出的黑框中输入：ping 你的域名；然后按回车键。如果看不到 IP 或 IP 地址与你的主机地址不符，则说明域名解析有误,需重新解析域名。

（2）访问报 404 错误（无法找到该页）。说明是网站程序出现问题,看看程序是否完整。

（3）访问网站出现 MySQL Server Error,这个是数据库连接错误,查看数据库连接文件。

（4）访问网站出现 500 错误。登录 FTP 查看是否多了异常文件或丢失文件,说明网站被侵入了,马上联系网站制作人员进行故障排查。如果空间和 FTP 程序目录没有缺失文件或刚刚安装就出现 500 错误,请确认空间已开启 scandir()函数,查看是不是禁止了这个函数。

27. Selenium 如何输出自动化测试报告?

答: Selenium 本身并没有测试报告输出功能,不过可以使用 Python 的 unittest 单元测试库的扩展模块 HtmlTestrunner 来制作自动化测试报告。需要注意的是,使用 Python3 的 HtmlTestrunner 时需要修改参数。

第 10 章

各大行业的企业面试真题

10.1　腾讯

1. 简述你对软件测试的理解。

答：测试人员通常作为软件质量控制的一个角色，不仅仅是找 Bug，而且需要对整个软件的质量负责，性能也属于质量的一部分，因此测试人员眼中的性能应该是全面的，考虑的东西也需要全面：

（1）测试人员需要考虑全面的性能，包括用户、开发、管理员等各个视角的性能。

（2）测试人员在做性能测试时，除了要关注表面的现象，如响应时间，也需要关注本质，例如用户看不到的服务器资料利用率，架构设计是否合理，代码是否合理等。

2. 对微信视频聊天功能，请设计测试用例。

答：（1）微信视频功能能否正常开启。

（2）在不同的设备上能否正常开启。

（3）在不同的网络环境下能否正常开启。

（4）微信视频聊天对方拒接之后是否有相应提示。

（5）微信视频聊天对方无应答时是否有相应提示。

（6）微信视频聊天功能启用时是否可以切换到其他操作。

（7）微信视频聊天浮窗功能视频框大小是否可以调整。

（8）聊天界面是否清晰，音质是否清楚。

（9）微信视频聊天是否可以切换画面。

（10）在视频期间是否有其他信息提示。

（11）是否可以多人视频聊天。

（12）视频期间是否会被电话打断。

（13）视频聊天在弱网下是否会自动挂断。

（14）网络中断重新接通后是否可以重新连接。

（15）WiFi 网络中断后是否有转流量数据的提示。

3. 如果让你测试直播业务，请列出测试点。

答：归纳了几个直播软件的测试点，并附上思维导图。

（1）UI 测试：

① UI 设计是否符合设计稿；

② 内容测试：输入框说明文字的内容与产品需求是否一致，是否有错别字；

③ 导航测试：不同的连接页面之间导航链接是否有效，跳转是否正确；

④ 图形测试：自适应界面设计，内容根据窗口大小自适应旋转手机，确保程序不退出，页面排版无异常。

（2）功能测试：

① 个人：登录、注册、第三方登录、是否正常关注、取消关注、等级、充值提现；

② 直播列表：需求规定的分类条目；

③ 房间逻辑：创建房间、进入房间、退出房间、切换房间、能否查看房间内的用户列表；

④ 主播直播：是否能进行录制、是否正常播放、美颜，禁言功能是否正常使用；

⑤ 观看直播：是否正常显示聊天信息、是否正常显示礼物特效、是否可以关闭弹幕、是否可以举报弹幕；

⑥ 礼物：是否赠送不同类型的礼物。

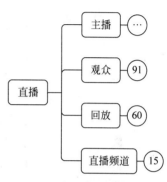

图 10.1　直播功能测试 4 个模块思维导图

直播功能测试思维导图如图 10.1 所示，分主播、观众、回放、直播频道 4 大模块，接下来逐个进行详细分析。

主播分为发起直播入口、直播权限、直播准备页、直播中、直播结束页，发起直播入口和直播权限导图如图 10.2 所示，直播准备页导图如图 10.3 所示。

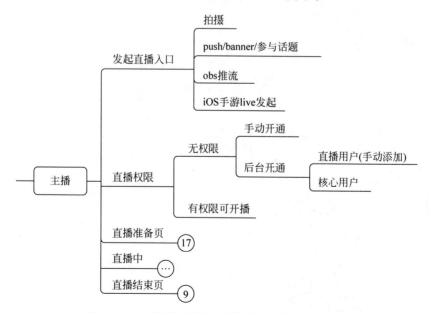

图 10.2　主播模块的发起直播入口与直播权限导图

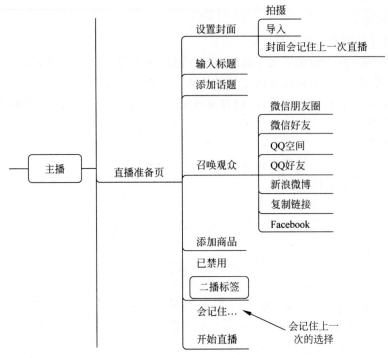

图 10.3   主播模块的直播准备页导图

直播中模块分为顶部、底部、消息、礼物、用户卡片测试检查点。直播中的顶部测试检查点导图如图 10.4 所示,底部与消息、礼物、用户卡片测试检查点导图如图 10.5 所示。

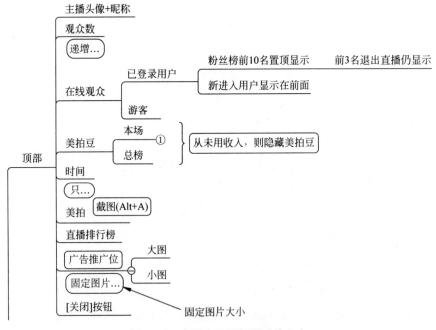

图 10.4   直播中的顶部测试检查点

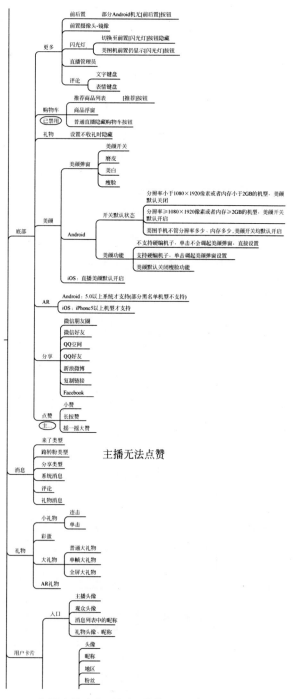

图 10.5　直播中的底部、消息、礼物、用户卡片测试检查点导图

直播结束页测试检查点导图如图 10.6 所示。

图 10.6　直播结束页测试检查点导图

观众模块导图如图 10.7 所示。

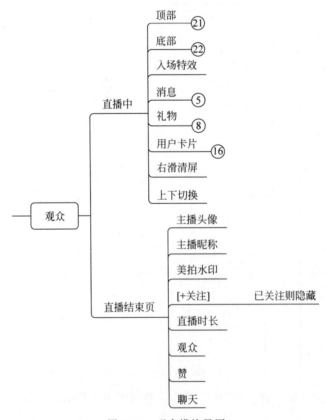

图 10.7　观众模块导图

直播中与直播结束页观众详细检查点导图如图 10.8 所示。

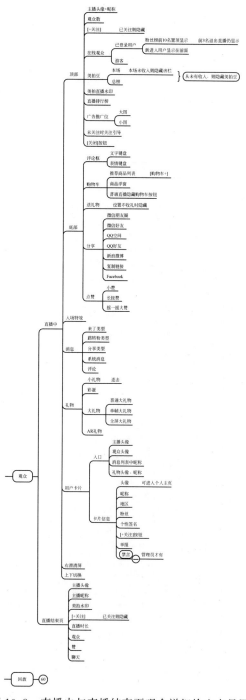

图 10.8　直播中与直播结束页观众详细检查点导图

回放模块如图 10.9 所示。

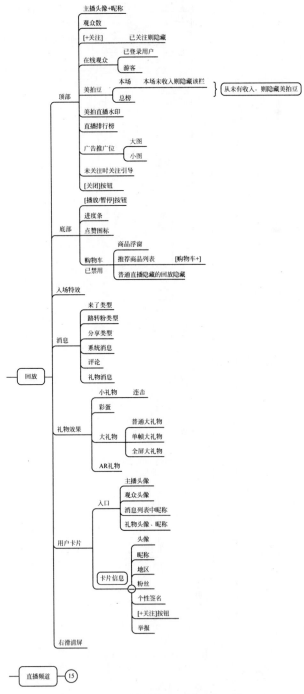

图 10.9　回放模块详细检查点导图

直播频道模块导图如图 10.10 所示。

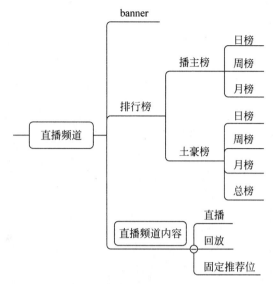

图 10.10　直播频道详细检查点导图

⑦ 聊天：用户间进行私聊、聊天室、黑名单、关注。

⑧ 超管：禁播、隐藏、审核。

⑨ 其他：性能测试、耗电量、耗流量,当多个客户端同时进入一个房间时查看是否稳定、应用的响应速度、兼容性、不同手机屏幕分标率的兼容性、与各种设备是否兼容。若有跨系统需要检验在每个系统下各种行为是否一致、与本地及主流 App 是否兼容、不同浏览器、易用性、安装和卸载是否方便、是否方便用户操作。

思维导图如图 10.11 所示。

4. 请写出一条缺陷 Bug,记录中你认为应该包含哪些内容?

答：Bug 标题、Bug 描述、Bug 出现步骤、Bug 的严重程度和优先级、指派人、抄送、来自哪个用例、系统版本、浏览器版本、预期结果、截图、日志、复现率。

5. 卡顿如何评估?

答：跟空应用对比,考虑系统情况、内存、网络、后台使用和版本各种影响：0~1 正常、1~3 可以接受、3~5 问题严重、5++ 问题非常严重。

6. 兼容怎样考虑?（操作系统、软件本身）

答：Web：IE7 ~ IE10、火狐、谷歌；操作系统：Windows 7、Windows 10 32 位、Windows 10 64 位；软件：App top5~top10、机型模拟器(UI)。

7. 安全测试需要了解吗?

答：安全测试是在 IT 软件产品的生命周期中,特别是产品开发基本完成到发布阶段时对产品进行检验,以验证产品是否符合安全需求定义和产品质量标准的过程。与通常测试区别有以下几点：

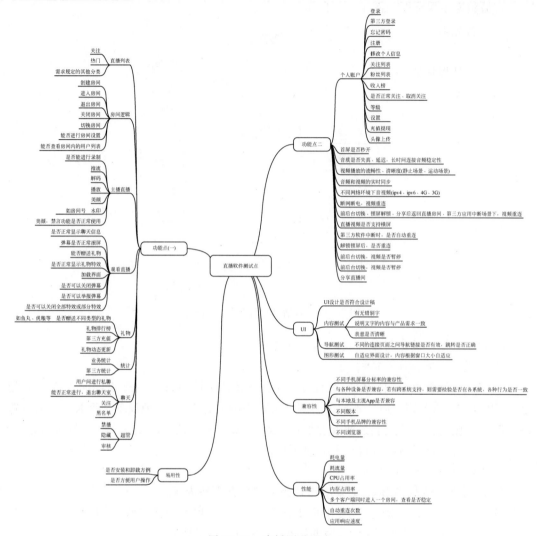

图 10.11　直播测试要点

（1）目标不同：测试以发现 Bug 为目标，安全测试以发现安全隐患为目标。

（2）假设条件不同：测试假设导致问题的数据是用户不小心造成的，接口一般只考虑用户界面。安全测试假设导致问题的数据是攻击者处心积虑构造的，需要考虑所有可能的攻击途径。

（3）思考域不同：测试以系统所具有的功能为思考域。安全测试的思考域不但包括系统的功能，还有系统的机制、外部环境、应用与数据自身安全风险与安全属性等。

（4）问题发现模式不同：测试以违反功能定义为判断依据。安全测试以违反权限与能力的约束为判断依据。

8．微信闪退的问题定位是什么?

答：首先需熟悉系统环境账号软件版本操作的具体步骤,然后考虑版本兼容问题、内存问题。

(1)文件损坏造成微信闪退：遇到这个问题时反复重新安装微信是解决不了的,需要先清空微信数据然后重新安装才可以。按菜单键,找到系统设置→应用程序(部分手机名称不一样),在列表中找到微信图标,单击弹出程序信息界面,单击清空数据即可。

(2)SD卡空间不足造成闪退：很多游戏或软件在SD卡空间不足的情况下会出现闪退。按菜单键,找到系统设置→存储(部分手机名称不一样),如果可用空间小于1MB时,就应该删除或清理一些应用了。

9．为发朋友圈、朋友圈点赞功能写测试用例。

答：通过以下几个方面来进行测试：功能测试、可靠性测试、易用性测试、效率、可维护性、可移植性、安全性测试、界面测试等。

发朋友圈功能测试用例：

(1)发朋友圈,删除朋友圈,看朋友圈。

(2)朋友圈的类型(图、文、混合)。

(3)评论朋友圈。

(4)朋友圈的对外接口(例如王者荣耀把战绩分享至朋友圈等)。

(5)屏蔽与被屏蔽,不能查看对应好友的朋友圈。

(6)短时间内频繁进行发送、取消及删除朋友圈的组合测试,看朋友圈相关功能是否正常。

(7)微信打开后,手机锁屏或切换到主界面,微信在后台是否会失效出现Bug,并且朋友圈的功能是否会失效。

(8)在弱信号的情况下进行发朋友圈、看朋友圈等操作,测试其是否会产生其他未知故障,例如对WiFi信号进行限速。

(9)使用不同平台的客户端进行朋友圈的功能测试,例如使用不同厂商的手机、平板。

(10)安全性测试：在朋友圈中输入一些脚本程序代码,测试微信客户端是否会崩溃。

(11)易用性是评价软件好坏最主要的一点,功能操作是否简单明了、给出的提示是否清楚明白无二意,还有就是界面布局是否美观合理。

朋友圈点赞功能测试用例：

(1)功能测试：考虑功能是否符合预期。

(2)接口：考虑各内部和外部的接口。例如朋友圈客户端和服务端的交互接口功能、朋友圈点赞功能和消息提示功能的接口(点了赞之后对应的朋友收到提示信息)。

(3)平台：手机版、Pad版、Web版。

(4)用户操作场景：测试用户常用场景。用户打开微信看到10条消息提示,单击后进入朋友圈界面显示"谁谁谁点了赞"。

(5)速度、延迟。

（6）性能测试模拟一些多用户并发操作的场景。

（7）安全。

10. HTTP 与 HTTPS 的区别？

答：（1）HTTPS 协议需要到 CA 申请证书，.crt 格式一般免费证书较少，认证需要缴费。

（2）HTTP 是超文本传输协议，信息是明文传输；HTTPS 是具有安全性的 SSL 加密传输协议。

（3）HTTP 和 HTTPS 使用的是完全不同的连接方式，用的端口也不一样，前者是 80，后者是 443。

（4）HTTP 的连接很简单，是无状态的；HTTPS 协议是由 SSL＋HTTP 协议构建的可进行加密传输、身份认证的网络协议，比 HTTP 协议安全。

10.2 网易

1. 请详细说明 Fiddler 抓包的过程。

答：打开 Fiddler，操作到想要抓包的功能的前一步，清空所有记录。

操作→功能，根据 host、URL 和功能的匹配筛选连接，如果筛选得比较多可以多次操作过滤。试用各个连接查看返回的参数和输入的参数进行过滤，到 RAW 找 URL 参数。

2. 服务器受到攻击会导致本地发生什么？

答：网络请求类和下载类的操作延迟很高；部分功能无法正常流畅使用；项目瘫痪根本无法访问；网页无法打开；加载时间很长；App 加载内容失败、刷新无应答。

3. 为视频下载到本地设计测试用例。

答：下载按钮、下载页面、离线缓冲，缓冲一个剧集时添加一个剧集正在缓冲列表；停留在缓冲列表页、缓冲多个剧集时，添加一个剧集正在缓冲列表；进入缓冲列表页、断网情况下，下载中、已暂停和等待中状态的剧集的提示。缓冲列表有多个视频，第一个状态为下载中暂停或完成后，第二个状态为等待中自动进入下载状态、缓冲列表下载中状态，关闭 App 下载状态、下载过程中资源删除后任务重置，删除下载中的视频，再次单击删除的视频下载。

下载任务暂停后资源删除任务重置，删除已暂停的视频，再次单击删除的视频下载；下载任务完成后资源删除任务重置，删除已完成的视频，再次单击删除的视频下载；下载过程中应用推测出后重启应用，任务是否在上一次结束时自动暂停；手动暂停后应用退出重新打开，是否可以继续下载；应用在启用下载时是否提示用户切换到 WiFi 网络情况下载；下载任务过程中，状态的改变。

4. 微信发图片怎样测试？挑选一个熟悉的头条 App 测试该功能。

答：可以确认是测试微信对话时发送图片，还是在微信朋友圈发送图片。

（1）微信对话时发送图片。

单击聊天框右侧的加号按钮弹出聊天功能框，选择照片或拍摄，对这两方面分别进行测试。如果选择照片,则调用手机本地相册,打开手机相册,测试相册是否能正常打开,图片是否能正常选择,选择上限是多少,能否取消、返回、选择其他相册等。选择好图片后单击发送查看图片是否能正常发出,查看上传的时间。如果选择拍摄则调用手机的相机功能进行拍照,测试相机能否正常打开,相机功能是否能正常使用,拍好的照片能否正常传入微信,能否发送到对话中,发送完成后照片存放在哪里等。此外,由于这是基于手机 App 的联网功能,还需测试网络状况对发送图片的影响,断网再连入网络后图片是否可以断点上传,手机性能对发送图片的影响,以及诸如突然来电打断等异常情况的影响。

（2）在微信朋友圈发送图片。

单击朋友圈右上的相机按钮,可以选择拍摄或从手机相册选择,对这两方面进行测试。如果选择拍摄,则调用手机的相机功能进行拍照,测试相机能否正常打开,相机功能是否能正常使用,拍好的照片能否正常传入微信,能否发送到朋友圈中,发送完成后照片存放在哪里等。如果选择从手机相册选择,则调用手机的本地相册,打开手机相册,测试相册是否能正常打开,图片是否能正常选择,选择上限是多少,能否取消、返回、选择其他相册等。选择好图片后单击发送查看图片是否能正常发出,查看上传的时间等。朋友圈发送图片还可以添加文字、设置公开形式、所在位置等信息,需要测试发送的图片能否正常按照设置发送。此外,由于这是基于手机 App 的联网功能,还需测试网络状况对发送图片的影响,断网再连入网络后图片是否可以断点上传,手机性能对发送图片的影响,以及诸如突然来电打断等异常情况的影响。

今日头条是一个非常有影响力的 App,查看新闻时经常会用到,最经常使用的就是分享功能。分享通常应用在分享文章给其他用户,涉及在 App 内部分享或分享到外部的其他平台用户,所以需要针对内部分享和外部分享来测试。测试的重点在于文章分享是否正确和完整,被分享人能否即时收到文章并得知来源。内部分享重点测试群发功能,发送时能否添加留言,发送后留言是否显示正确、完整;外部分享由于会与其他 App 平台产生对接,所以重点测试连续切换平台的转发是否会对转发的文章产生影响,是否能完整显示所有转发来源等。此外,由于这是基于手机 App 的联网功能,还需测试网络状况、手机性能及诸如突然来电打断等异常情况对转发的影响。

5. 日志内容如何查看?

答:时间模块功能描述:异常代码(nullPoint indexOUtOfBong)账户信息。苹果系统需要在计算机上使用 iTools,这是苹果官方的软件,可以方便我们查看日志;安卓系统需要使用外部工具,通常使用 adb 工具,在手机上使用相应抓取工具生成文档,导入到计算机上再进行查看。

6. 你用过哪些机型(手机),系统是什么?

答:华为,EmUI 9;小米,miUI 10;一加氢,OS 9;魅族,FlyMe7;Oppo,colrOs 6;vivo,funtouchos 9;iPhone,iOS 12;诺基亚,WinPhone(塞班)。

7. 在以往的软件测试工作中,是否使用过一些工具来进行软件缺陷(Bug)的管理?如果有,请结合该工具描述软件缺陷(Bug)跟踪管理的流程。

答：测试账号登录可以提交用例 Bug 及查看需求，提交 Bug 可以指派处理人，由处理人查看并处理 Bug。处理后测试人员验证 Bug，如果通过，则关闭 Bug；如果不通过，则再次打开 Bug 跟进。

8. 之前是测 iOS 端还是测 Android 端（某 App）？

答：Android 端。

（1）环境：系统版本，内侧、公测、线上版本测试环境，CPU、内存、闪存、性能相关的硬件环境测试。

（2）网络环境测试：应用包的安装、卸载速度，版本成功率测试，覆盖安装数据的保留测试，卸载文件残留测试，应用包占用空间测试。

（3）操作测试：手势（单指、多指单击，单指、多指滑动，边缘、全名屏手势），按键（锁屏键、音量、虚拟按键），复合操作（截屏、强制关机），应用功能测试（权限、通知、应用跳转），应用内功能（加载、启动、后台、挂起、悬浮窗、退出）。

9. 逻辑题：用一个 5L 的杯子和一个 6L 的杯子取 3L 水。

答：（1）把 6L 杯子装满水，用 6L 杯子将 5L 的杯子倒满，剩 1L。

（2）把 5L 杯子倒空，将 6L 杯子中的 1L 水倒入 5L 杯子。

（3）6L 杯子再盛满水，将已存有 1L 水的 5L 杯子倒满，6L 杯子中剩 2L 水。

（4）再将 5L 杯子倒空，将 6L 杯子中的 2L 水倒入 5L 杯子。

（5）6L 杯子再盛满水，将已存有 2L 水的 5L 杯子倒满，6L 杯子中剩 3L 水。

10.3 搜狗

1. 后台接口如何进行正向联调？

答：

（1）正向：检查前端调用接口数据返回是否成功，以查数据库为主。

（2）反向：向用户发送功能指令，发送成功后在前台查看是否成功。

（3）后台接口功能测试：主要用 SoapUI 测试，支持 SOAP，通过它来检查、调用，实现 Web Service 的功能、负载、符合性测试。新增一个方法，用 WSDL 封装打包所有方法，全量提给前台系统，前台编译成 XML 报文格式体，调用后台接口，webservice 收到请求返回成功。

（4）测试方法：SoapUI 模拟前台调用，入参是 XML 报文，手动填写 URL、入参、调用方法，返回成功后查看返回结果。

2. 怎样进行前台测试？

答：JMeter 支持 HTTP，通过前台调用后台数据进行简单的压测。

添加 HTTP 请求（URL、端口、方法、变量）和线程组（添加并发用户、时间、循环次数），如果需要，可以添加响应断言、断言结果、检查点、关联、事务，添加察看结果树、聚合报告查看执行结果，从报告结果的响应时间、吞吐量等分析新老系统在相同场景下的接口性能，方便有针对性地对接口的支撑性能进行优化。

3. 你写的案例需求覆盖度一般是多少,包不包括隐含需求?

答:90%,是包含隐含需求的。

4. 你提交的 Bug 包括哪些字段?

答:字段及每个字段的要求如下,一个 Bug 单主要包括:

(1) 所属的系统。

(2) 发现的版本。

(3) 发现 Bug 所属的模块。

(4) Bug 提交人。

(5) Bug 的错误类型:代码错误、界面优化、设计缺陷、配置相关、安装部署、安全相关、性能问题等。

(6) Bug 的重现概率:大概率重现、小概率重现、极小概率重现。

(7) Bug 的严重级别:致命、严重、一般、提示。

(8) Bug 的优先级:高、中、低。

(9) Bug 的标题:言简意赅说明是什么 Bug,而不是把测试用例名字复制一遍。

(10) Bug 单号:一般由系统自动生成。

(11) Bug 内容:发现的环境、预制条件、重现步骤、预期结果、实际结果、截图证明、Bug 错误说明。

5. 核心超时应如何处理?

答:增减内存,优化代码,调整环境配置,排查代码问题,主要从这几个方面入手,最后加一个测试人员操作步骤检查,需要先排除操作的因素。如果是银行测试人员,只负责提供截图和操作步骤,问题排查的具体步骤不接触。处理方式还是要看具体产生问题的原因,核心超时需要人工干预,超时以后一般不会自动轮询重新处理。

核心超时要排查的具体原因如下:

(1) 如果是因为核心业务量增加导致的超时,要从代码调优和增加服务器内存入手。

(2) 网络原因导致的超时需要检查网络连接是否稳定,这是环境问题。

(3) 核心没有返回,导致等待超时,需要排查核心数据处理有没有问题。

(4) 核心返回了数据,对接接口出错,数据丢失也会报超时。

超时一般是数据库读写压力太大的原因比较多,上面列举了其中几个原因。

6. 从输入法键盘分享图片到微信 App,微信 App 崩溃了,该如何进行问题排查?请写出详细的排查过程。

答:排查是否为应用内跳转、是否授权应用跳转、收入法版本、微信版本、分享图片的格式大小及数量、系统版本的适配。

7. 如何测试一部电梯(越详细越好)?

答:(1) 单个功能:

① 电梯内分楼层键是否正常。

② 电梯内开关门键是否正常。

③ 电梯内的报警键是否可正常使用。

④ 电梯外的上下键是否正常。

⑤ 同时关注显示屏,电梯内外的显示屏显示的电梯层数、运行方向是否正常。

⑥ 有障碍物时,电梯门的感应系统是否有效。

(2) 逻辑业务/功能交互:

① 功能与功能模块间的集成可根据电梯当前状态是上行、下行还是停止来设计测试点,以保证覆盖率。

电梯当前状态是上行时,有人在 X 层按下上升/下降键,电梯是否会停止;

电梯当前状态是下行时,有人在 X 层按下上升/下降键,电梯是否会停止;

在搭载满员的情况下,如有人在 X 层按下上升/下降键,电梯是否会停止。

② 功能设备与设备间的集成关注功能接口,例如电梯和大楼层、电梯和摄像头、电梯与空调、电梯和对讲机(报警装置)、电梯与显示屏、电梯与其他电梯的协作能力。

例如一栋楼有 2 部电梯,一部停在 2 楼,另一部停在 4 楼,有人在 1 楼按电梯,停 2 楼的电梯是否下降到 1 楼。

(3) 界面测试:查看电梯的外观、按钮的图标显示、电梯内部张贴的说明(例如报警装置的说明、称重量等)。

(4) 易用性测试:

① 楼层按键高度(不同身高的用户按键是否方便)。

② 电梯是否有地毯、夏天是否有空调、通风条件、照明条件、手机信号是否通畅。

③ 电梯是否有扶手,是否有针对残疾人的扶手等。

(5) 兼容性测试:

① 电梯的整体和其他设备的兼容性,例如与大楼的兼容、与海底隧道的兼容等。

② 不同类型的电压是否兼容。

(6) 安全性测试:

① 下坠时是否有制动装置。

② 暴力破坏电梯时是否报警,超重时是否报警。

③ 停电情况下电梯是否有应急电源装置。

(7) 性能测试:

① 测试电梯负载单人时的运行情况(基准测试)。

② 多人时的运行情况(负载测试)。

③ 一定人数下较长时间的运作(稳定性测试)。

④ 更长时间运作时的运行情况(疲劳测试)。

⑤ 不断增加人数导致电梯报警(拐点压力测试)。

8. 请写出如何测试 QQ 发消息功能(写出你能想到的所有测试点,用例结构要清晰)。

答:判断用户是否已登录,若已登录正常进行后续的操作,未登录则弹出登录框提示登录。

查看当前网路环境,若处于无网或弱网环境 QQ 显示为离线,UI 正常显示但无法发送消息。

进入对话页面,观察页面元素,UI 显示是否完全,是否符合用户使用习惯。

单击文本框,光标闪烁,使用键盘输入文字,文字是否被保存至文本框中。

单击"发送"按钮或按回车键,消息被发送,上传到 QQ 后台端数据库后再发送给目标用户。

发送成功后文本框清空,可再次输入消息。

已输入但未发送的消息可进行编辑、删改等操作。

消息为空时不可发送,弹出提示框可选择常用语发送或对快捷回复菜单进行设置。

已发送的消息 2min 以内可以在消息记录中撤回,撤回后记录中显示撤回提示,超过 2min 后消息无法撤回并进行相应的提示。

单击对话框上方功能栏,从最左侧按钮开始依次进行测试:

第一个按钮可在消息中插入表情,表情包括 QQ 自带表情、外部导入表情、用户收藏表情、多终端表情漫游,并可对表情进行增删、修改、分类、设置 DIY 表情等操作。

第二个按钮可在消息中插入 GIF 热图,热图仅支持 QQ 自带热图库且无法修改。

第三个按钮为截屏按钮,可截取当前屏幕图片添加到消息中,或使用 Ctrl＋Alt＋A 快捷键操作,并可设定截图时 QQ 窗口是否隐藏。

第四个按钮可在消息中添加文件,单击后弹出选择框在本地选择文件进行上传。

第五个按钮可在消息中添加图片,可选择上传本地图片或从 QQ 空间中选择,选择图片后可对图片进行修改、添加文字等操作,图片可多选发送,上限为 120MB。

第六个按钮可向目标好友发送抖动消息,发送后接收人 QQ 窗口产生抖动特效,手机端会产生振动特效。

第七个按钮可发送红包,可选普通红包或口令红包,填写金额与消息后单击发送即会调用绑定账户进行支付,成功发送后红包仅可用手机端查看,计算机端显示相应提示。

第八个按钮可发送歌曲音频,单击后弹出点歌窗口,可在 QQ 曲库中选择歌曲。

第九个按钮可进行字体选择对文本文字进行修改,语音消息调用话筒录入音频,手写输入弹出手写面板对字符进行识别输入。语音识别调用话筒录入音频后识别为文字进行输入,所有此类输入发送前都可以修改或者删除。

发送过的消息可在历史记录中查看,并可对历史记录设定进行修改。

已输入但未发送的消息在退出对话窗口时询问是否保存草稿,若保存再次打开窗口后上传信息保存,若不保存则编辑记录全部清空。

消息编辑发送中任何时刻网络中断都会导致用户下线,消息无法发送,重连并登录后恢复为断网前状态。

9. 你在测试过程中发现了一个重现率低的 Bug,你是如何处理的?

答:把 Bug 描述尽量详细,系统、软件、环境、操作步骤、截图及视频录制。

首先我会简洁但详细地记录 Bug 复现的步骤,并且明确标出该 Bug 复现的关键流程和注意要点,然后进行多次反复测试,并且记录多次测试中 Bug 大概的复现概率。之后拿写好的 Bug 记录去询问项目或产品人员,该现象是否符合他们的预期想法和设计,如果不符合即说明这确实是一个重现率低的 Bug。最后把复现概率写在 Bug 记录的明显位置再推送给开发人员,并且强调该 Bug 的特殊性,必要时亲自找开发人员进行 Bug 的说明和复现。

10. 在微信客户端使用搜狗输入法打字,手机屏幕突然黑了,请问:有哪些原因会导致这个现象? 分别如何进行排查?

答:第一种可能是手机本身出现问题。电量耗尽关机、保护性关机等,这时需要将手机连接电源充电,待手机再次开机后再进行操作,若问题不再出现说明可能是此原因。

第二种可能是因为微信本身出现故障,App 崩溃、微信服务器受到攻击等,遇到这种情况需要再次唤醒手机,尝试进入微信客户端查看问题,如果微信无法打开或打开后有错误显示即很大程度上可以说明是微信的问题。之后我们可以查看崩溃日志记录来确定是何种原因导致的故障。

第三种可能是搜狗输入法本身与手机的兼容或识别出现问题,但是这种问题非常少见,通常仅发生在输入法安装包更新后。唤醒手机进行功能再现操作,然后查看崩溃日志确定问题的原因。

此外还有可能是现实环境或手机后台冲突导致的黑屏,这些需要结合手机实际情况和环境情况进行分析排查。

11. 测试中发现一个高优先级的 Bug,在上线前产品人员评估后确认该 Bug 不阻塞上线,可以以后再修复,但是上线后收到了很多用户的反馈,说该问题影响到了用户的使用习惯,因此紧急上线了一个补丁包修复该问题,请问如何保证同类问题以后不再发生(请将找出的问题原因和解决办法写出来)。

答:首先检查之前对该 Bug 的记录,依照 Bug 记录查看该 Bug 是否如何影响用户体验,同时还要结合用户的实际反馈确定 Bug 的影响程度和关联范围。然后与产品人员确认问题转交给开发人员进行修改,修改后进行回归测试查看问题是否被修复,涉及的其他模块是否又产生了新的 Bug。等到一切修复后对自己的错误在公司内部造成的问题进行道歉,并在补丁包中对用户操作带来的不便进行道歉。为保证此类问题以后不再发生,需要测试人员更加谨慎负责地进行测试,明确 Bug 可能会带来的问题;还要详细记录问题出现的全部经过,反思自己的不足;最后要加强部门的沟通合作,确保各自的职责与义务,提高对 Bug 影响的预估与警惕。

12. Windows 7 系统中,使用 IE 浏览器输入 www.sogou.com 按回车键,1min 后显示为白页面,导致这个现象的主要原因有哪些? 分别如何进行排查?

答:第一种可能是因为当前网络连接不稳定,网页无法打开,检查网络连接设置,确认网络可以正常连接后再次尝试打开网址;第二种可能是因为对方网页服务器无响应,服务器没有返回数据导致页面空白,此时可以通过 IE 浏览器的开发者工具查看是否有发送和返回请求,如果没有返回请求说明是服务器的问题;第三种可能是本地网络设置有问题,包括 DNS 出错、防火墙出错、hosts 文件被修改、网络协议和网卡驱动问题等,此时也需要使用开发者工具查看是否有请求发送给目标服务器,如果发送有问题,则说明是本地设置问题。

此外还有可能是因为浏览器问题、系统问题或感染了病毒,这时就需要外部检测工具来辅助排查,根据具体的环境进行具体分析。

10.4　易趣网

1. 如何在 Linux 系统中查看日志?

答:日志文件是用于记录 Linux 系统中各种运行消息的文件,不同的日志文件记载了不同类型的信息,对于诊断和解决系统中的问题很有帮助。大多数文本格式的日志文件使用 tail、head、less、cat 等命令就可查看日志内容。内核及系统日志的配置文件为 /etc/rsyslog.conf,通过查看文件内容可以了解到系统默认日志文件的存储路径。

2. 如何获取 App 日志字段?

答:DDMS 工具可以分级别查看日志,通常查看 ERROR,根据自定义 log 查看,应用沙盒中也有日志。/data/data/xxx 中可以用 adb 命令导出,也可以用 DDMS 导出。

一般我们会记录下日志的时间还有具体的操作方式是否能够浮现,把具体的 log 发给开发人员。对具体的时间+包名、内存或者其他关键字的日志信息进行标注,在计算机里新建一个用于放置 log 日志的文本,然后在控制台输入命令 adb logcat -c 清除之前存留的 log 日志存量数据,再输入命令 adb logcat -v time > D:\1.log,这个 D:\1.log 是计算机中新建文本的路径,按回车键后就可以在手机上进行 App 操作了。当要终止进行的时候,在控制台按快捷键 Ctrl+C 即可。

3. 详细叙述常见 HTTP 状态码。

答:HTTP 状态码主要分为 5 类:以 1 开头的代表请求已被接受,需要继续处理;以 2 开头的代表请求已成功被服务器接收、理解并接受;以 3 开头的代表需要客户端采取进一步的操作才能完成请求;以 4 开头的代表客户端看起来可能发生了错误,妨碍了服务器的处理;以 5 开头的代表服务器在处理请求的过程中有错误或者有异常状态发生,也有可能是服务器意识到以当前的软硬件资源无法完成对请求的处理。

常见的状态码有以下几种:

200:服务器成功处理了请求;404:未找到资源;500:内部服务器错误;503:服务器目前无法为请求提供服务;302:临时重定向;304:客户端的缓存资源是最新的,要客户端使用缓存。

4. Fiddler、Httpwatch、Wireshark、FireBug 这几个抓包工具的区别是什么?

答:FireBug 是 Firefox 浏览器的一个插件,它可以抓包,但是对于分析 HTTP 请求的详细信息不够强大,模拟 HTTP 请求的功能也不够,而且 FireBug 常常需要“无刷新修改”,如果刷新了页面,所有的修改都不会保存;Wireshark 是通用的抓包工具,能获取 HTTP,也能获取 HTTPS,但是不能解密 HTTPS,所以 Wireshark 看不懂 HTTPS 中的内容;

Httpwatch 也是比较常用的 HTTP 抓包工具,但是只支持 IE 和 Firefox 浏览器;Fiddler 的抓包原理是启动后自动设置一个 127.0.0.1:8888 的本地 HTTP 代理服务,所以任何可以设置 HTTP 代理的浏览器或应用程序都可以使用 Fiddler 来抓包。

5. Linux 下如何查看进程的子进程、线程和父进程?如何关闭进程?

答:查看所有进程:ps -ef。

查看子进程:利用进程名获取进程号 ps -ef|grep 进程名。

用进程号查看该进程下的线程 ps -eLf|grep 进程号。

用进程号查看该进程的父进程:ps -ef|grep PID 查看输出结果,第三列是父进程 PPID。

关闭进程命令:kill -9 进程号。

6. 请写出数据库的多表查询及子查询命令。

答:Select 字段名,字段名 from 表名 1 (left,right)join 表名 2 on 表名 1.字段=表名 2.字段

Select 字段名,字段名 from 表名 1

Where 字段名=(in) (Select 字段名,字段名 from 表名 2)

7. 对邮箱登录界面写测试用例。

答:

(1) 结尾形式有:@qq.com 和@foxmail.com。

(2) 长度:3~18 个字符。

(3) 字符类型:英文、数字、点、减号、下画线。

(4) 首尾限制:需要用 a~z 的英文字母(不分大小写)开头,英文字母或数字结尾。

快捷键的使用是否正常:

Tab 键能否换行、上下左右键是否正确、界面如果支持 Esc 键,看是否可正常工作、Enter 键的使用是否正确,切换时是否正常、界面的布局是否符合人的审美标准。

输入框的功能:

输入合法的用户名和密码可以成功进入;输入合法的用户名和不合法密码不可以进入,并给出合理的提示;输入不合法的用户名和正确密码不可以进入,并给出合理的提示;输入不合法的用户名和不正确的密码不可以进入,并给出合理的提示。

不合法的用户名:

字符长度大于用户名的限制;正常用户名不允许特殊字符、空的用户名、系统(操作系统和应用系统)的保留字符。

不合法的密码:

空密码(除有特殊规定的)、错误的密码、字符长度大于密码的限制;正常密码不允许的特殊字符、系统(操作系统和应用系统)的保留字符。

界面的链接:

对于有链接的界面,要测试界面上的所有链接是否都正常或者给出合理的提示;

输入框是否支持复制、粘贴和移动；密码框不显示具体的字符，而是显示密码的字符；验证用户名前有空格是否可以进入，一般情况下可以；验证用户名是否区分大小写（有的软件是区分大小写的）；验证必填项为空，是否允许进入；验证登录的次数是否有限制，从安全角度考虑，有些安全级别高的软件会考虑这方面的限制。

8. 给你一台自动售卖机该怎样测试？

答：有效的等价类有：金额刚够，顺利出货；金额超出，找零出货；金额超出，没钱找零，出货；金额不足，进行提示，把货币退出；金额足够，取消交易；假币，不出货。

无效等价类：投入金额，不出货，不找零；投入金额，不出货，退钱；金额超出，出货，不找零；金额超出，不出货，找零；金额不足，出货，找零；金额不足，出货，不找零。金额不足，不出货，不退款；金额刚够，不出货，退款；金额刚够，出货，找零；金额刚够，不出货，找零；不投金额，直接出货。

9. 请写出几条常用的 adb 命令与 Linux 命令。

答：常用的 adb 命令：

显示当前连接的全部安卓设备：adb devices；安装应用程序：adb install xxx.apk。

获取安卓设备中的文件：adb pull；向安卓设备推送文件：adb push。

进入安卓设备的 Shell 模式：adb Shell。

获取安卓设备当前界面应用的包名和活动名：adb Shell dumpsys actitity|findstr Focuse。

常用的 Linux 命令：

cd 改变路径；ls 查看当前路径下的内容；cat 查看文件内容；less 分屏查看文件内容；useradd 新建用户；chmod 修改权限；groupadd 新建组；top 查看CPU 使用率；ps -ef 查看所有进程；kill -9 强制结束进程。

10. 如果发布版本前有一些问题，你如何处理？

答：看未解决的 Bug 的严重程度和数量，如果能马上解决直接处理，不行回滚操作或者研讨商议是否可以推迟。

11. 请列举你用过的测试辅助工具及主要的使用场景。

答：缺陷管理工具有禅道、BugFree、BugZila；性能测试工具有 JMeter、LoadRunner；接口测试工具有 PostMan、JMeter；抓包工具有 Fiddler、Httpwatch；辅助常用小工具有 MindManager、Xmind、XShell、SVN 等。

10.5　今日头条

1. 对微信发红包、发朋友圈评论设计测试用例。

答：功能测试：

（1）在红包钱数和红包个数的输入框中只能输入数字。

（2）红包里最多和最少可以输入的钱数：200、0.01。

(3) 拼手气红包最多可以发多少个：100，超过最大拼手气红包的个数是否有提醒。

(4) 当红包钱数超过最大范围时是否有对应的提示。

(5) 当发送的红包个数超过最大范围时是否有提示。

(6) 当余额不足时红包发送失败。

(7) 在红包描述里是否可以输入汉字、英文、符号、表情、纯数字、汉字英语符号，是否可以输入它们的混合搭。

(8) 输入红包钱数是不是只能输入数字。

(9) 红包描述里最多可输入多少个字符：10 个。

(10) 红包描述、金额、红包个数框里是否支持复制粘贴操作。

(11) 红包描述里的表情是否可以删除。

(12) 发送的红包别人是否可以领取，发送的红包自己是否可以领取，2 人。

(13) 24h 后没有领取的红包是否可以退回到原来的账户，超过 24h 没有领取的红包是否还可以领取。

(14) 用户是否可以多次抢一个红包。

(15) 发红包的人是否可以多次抢红包。

(16) 红包金额里的小数位数是否有限制。

(17) 可以按返回键取消发红包。

(18) 断网时无法抢红包。

(19) 是否可以自己选择支付方式。

(20) 余额不足时会不会自动匹配支付方式。

(21) 在发红包界面能否看到以前收发红包的记录。

(22) 红包记录里的信息与实际收发红包的记录是否匹配。

(23) 支付时可以密码支付也可以指纹支付。

(24) 如果直接输入小数点，那么小数点之前应该有个 0。

(25) 支付成功后，退回聊天界面。

(26) 发红包金额和收到的红包金额应该匹配。

(27) 是否可以连续多次发红包。

(28) 输入钱数为 0，"塞钱进红包"置灰。

性能测试：

(1) 弱网时抢红包、发红包的时间。

(2) 不同网速时抢红包、发红包的时间。

(3) 发红包和收红包成功后的跳转时间。

(4) 收发红包的耗电量。

(5) 退款到账的时间。

兼容性测试：

(1) 在 iOS 和安卓系统下是否都可以发送红包。

（2）计算机端是否可以抢微信红包。

界面测试：

（1）发红包界面没有错别字。

（2）抢完红包界面没有错别字。

（3）发红包和收红包界面排版合理。

（4）发红包和收到红包界面颜色搭配合理。

安全性测试：

（1）对方微信号异地登录，是否会有提醒，2人。

（2）红包被领取以后，发送红包人的金额会减少，收红包的金额会增加。

（3）发送红包失败，余额或银行卡里的钱数不会减少。

（4）红包发送成功，是否会收到微信支付的通知。

易用性测试（有点重复）：

（1）红包描述，可以通过语音输入。

（2）可以指纹支付也可以密码支付。

朋友圈评论：

（1）网速对评论的影响。

（2）共同好友能否看到评论，非共同好友能否看到评论状态。

（3）评论能否按时间先后顺序显示。

（4）评论能否显示评论人的昵称，若能显示是否正确。

（5）能否回复评论。

（6）是否可以既评论又点赞。

（7）评论和点赞后是怎样现实的，分两次显示，还是一次显示。

（8）评论是否有上限。

（9）能否及时刷新。

（10）未登录情况下能否看得到。

（11）不同手机如何显示。

（12）是否能将评论全部显示在朋友圈下面。

（13）好友能否看到发圈人的评论及回复。

2. 用 1 个 5L 和 1 个 6L 的水杯，怎样倒出来 2L 水？

答：第一步：把 6L 杯倒满，倒 5L 水在 5L 杯里。此时 6L 杯里面还剩下 1L 水。

第二步：把 5L 杯清空，再把 6L 杯里面的 1L 水倒入 5L 杯。

第三步：再把 6L 杯倒满，由于现在 5L 杯里面本身有 1L 水，所以只从 6L 杯里面倒 4L 在 5L 杯里面，然后 6L 杯里只剩下 2L 水。

3. 用 1 个 4min 和 1 个 7min 沙漏，怎样连续计时 9min？

答：先编号：4min 沙漏为 1 号，7min 沙漏为 2 号。

步骤一：1 号、2 号两个沙漏同时正放计时，4min 后 1 号沙漏漏完，此时把 1 号沙漏倒放,再经过 3min,2 号沙漏漏完。(此时 1 号沙漏还剩下 1min)历时:4+3=7min。

步骤二:2 号沙漏倒放,至 1 号沙漏漏完,此时 2 号沙漏倒放,已有 1min 沙漏流出。用时:1min。

步骤三:再把 2 号沙漏正放,等到刚刚流出的沙流回来正好 1min。用时:1min。

总时间为:7+1+1=9min。

4.请列举工作具体场景中遇到的 HTTP 状态码。

答:

(1) 3~7 种最基本的响应代码。

```
200("OK")
```

一切正常。实体主体中的文档(若存在)是某资源的表示。

```
301("Moved Permanently")
```

当客户端触发的动作引起资源 URI 的变化时发送此响应代码。另外,当客户端向一个资源的旧 URI 发送请求时,也发送此响应代码。

```
302("Found")
```

原始描述短语为 Moved Temporarily,是 HTTP 协议中的一个状态码(Status Code)。可以简单理解为该资源原本确实存在,但被临时改变了位置;换而言之,就是请求的资源暂时驻留在不同的 URI 下,故而除非特别指定了缓存头部指示,否则该状态码不可缓存。

```
400("Bad Request")
```

客户端方面的问题。实体主题中的文档(若存在)是一个错误消息。希望客户端能够理解此错误消息,并改正问题。

```
500("Internal Server Error")
```

服务器方面的问题。实体主体中的文档(若存在)是一个错误消息。该错误消息通常无济于事,因为客户端无法修复服务器方面的问题。

```
404("Not Found") 和 410("Gone")
```

当客户端所请求的 URI 不对应于任何资源时,发送此响应代码。404 用于服务器端不知道客户端要请求哪个资源的情况;410 用于服务器端知道客户端所请求的资源曾经存在,但现在已经不存在了的情况。

```
409("Conflict")
```

当客户端试图执行一个"会导致一个或多个资源处于不一致状态"的操作时,发送此响应代码。

SOAP Web 服务只使用响应代码 200(OK)和 500(Internal Server Error)。无论是发给 SOAP 服务器的数据有问题,还是服务器在处理数据的过程中出现问题,或者 SOAP 服务器出现内部问题,SOAP 服务器均发送 500("Internal Server Error")。客户端只有查看 SOAP 文档主体(其中包含错误的描述)才能获知错误原因。客户端无法仅靠读取响应的前 3 个字节得知请求成功与否。

(2)状态码系列。

1XX:通知。1XX 系列响应代码仅在与 HTTP 服务器沟通时使用。

2XX:成功。2XX 系列响应代码表明操作成功。

3XX:重定向。3XX 系列响应代码表明客户端需要做些额外工作才能得到所需要的资源。它们通常用于 GET 请求,告诉客户端需要向另一个 URI 发送 GET 请求,才能得到所需的表示。那个 URI 就包含在 Location 响应报头里。

4XX:客户端错误。这些响应代码表明客户端出现错误。不是认证信息有问题,就是表示格式或 HTTP 库本身有问题。客户端要自行改正。

5XX:服务器端错误。这些响应代码表明服务器端出现错误。一般来说,这些代码意味着服务器处于不能执行客户端请求的状态,此时客户端应稍后重试。有时,服务器能够估计客户端应在多久之后重试。并把该信息放在 Retry-After 响应报头里。

5.你具体的工作技能有哪些?

答:至少该会的东西如下:

(1)熟悉软件测试的原理和方法及完整的测试过程,包括测试计划、测试用例、测试报告的编写。

(2)熟练掌握 LoadRunner12、JMeter 等常用的性能测试相关工具。

(3)能使用 Postman、JMeter 进行接口测试,会使用 Fiddler 抓包工具做弱网测试、抓手机包、打断点。

(4)能安装配置并使用禅道等 Bug 管理工具对缺陷进行管理,熟悉软件缺陷管理流程。

(5)能熟练使用 XMind 等思维导图工具画思维导图。

(6)能熟练使用 Linux 系统常用命令,能够搭建 Tomcat+MySQL 测试环境。

(7)掌握 MySQL 操作,熟悉常用 SQL 语句,会做一般的增、删、改、查和多表联查。

6.登录页面、登录前验证/图片验证的意义是什么?

答:目前大多网站支持并使用验证码注册登录,验证码能有效防止恶意登录注册,验证码每次都不同,可以排除病毒或者软件自动申请用户及自动登录,从而有效防止这些问题。

7. 登录前,有选择正确图片就可以登录成功的,这个图片验证你觉得是前端做,还是后端做。

答:验证码必定是后端来做。如果是前端,那么太容易被破解了。

8. Charles 如何判断是前端问题,还是后端问题,具体怎样使用?

答:我们使用的是 Fiddler,分析问题在前端还是后端可以从 3 个方面进行:请求接口、传参、响应。

(1)请求接口 URL 是否正确:如果请求的接口 URL 错误,为前端的 Bug。

(2)传参是否正确:如果传参不正确,为前端的 Bug。

(3)请求接口 URL 和传参都正确,查看响应是否正确。如果响应内容不正确,为后端 Bug。

(4)也可以在浏览器控制台输入 js 代码调试进行分析。

如果定位为后端的 Bug,可以通过以下方式来精确定位是哪里出了 Bug。

(1)查看报错日志,通过日志分析问题点。

(2)查看数据库确认数据的正确性。

(3)查看缓存是否正确。

10.6 择居网

1. 编写测试用例需要哪些文档? 测试用例的几个基本要素有哪些? 设计用例的方法有哪些?

答:编写测试用例需要需求规格说明书和测试计划文档,如果有必要还有详细设计文档。测试用例的基本要素有用例的 ID、标题、对应的软件、功能、版本、用例的步骤,以及预期结果,还有用例的优先级,用例设计人员和日期。

设计用例的方法有因果图法、等价类法、边界值分析法、场景法、基本流法、错误推测法等。

2. 编写用例的过程中如果原型出现逻辑上的错误或模糊点,你会和哪些人进行沟通? 沟通的侧重点是什么?

答:这个涉及需求方面不明确的问题,需要和需求规格说明书的编写人员进行沟通,沟通的侧重点是该项需求的可测试性必须明确,且能够量化。

3. 单元测试、集成测试、系统测试、回归测试的侧重点是什么?

答:(1)单元测试:指对软件中的最小可测试单元进行检查和验证,要注重逻辑的覆盖。

(2)集成测试:单元测试的下一个阶段,指将通过测试的单元模块组装成系统或子系统,再进行测试,重点测试不同模块的接口部分,主要注重接口的覆盖。

(3)系统测试:将整个软件系统看作一个整体进行测试,包括对功能、性能,以及软件所运行的软硬件环境进行的测试,主要注重需求的覆盖。

（4）回归测试：指对软件的新版本测试时,重复执行上一个版本测试时的用例。回归测试可以在上述任何测试阶段进行,既有黑盒测试的回归,也有白盒测试的回归。

4. Bug分为几个等级？每个等级是怎样划分的？

答：

A类——系统崩溃,包括以下各种错误：①由于程序所引起的死机,非法退出；②死循环；③数据库发生死锁；④因错误操作导致的程序中断；⑤功能错误；⑥与数据库连接错误；⑦数据通信错误。

B类——严重,包括以下各种错误：①程序错误；②程序接口错误；③数据库的表、业务规则、缺省值未加完整性等约束条件。

C类——一般,包括以下各种错误：①操作界面错误（包括数据窗口内列名定义、含义是否一致）；②打印内容、格式错误；③简单的输入限制未放在前台进行控制；④删除操作未给出提示；⑤数据库表中有过多的空字段。

D类——次要,包括以下各种错误：①界面不规范；②辅助说明描述不清楚；③输入输出不规范；④长操作未给用户提示；⑤提示窗口文字未采用行业术语；⑥可输入区域和只读区域没有明显的区分标志。

E类——建议。

5. 软件测试工程师应该具备哪些素质和技能？

答：

（1）具备严谨、耐心、认真、负责的态度。

一名软件测试工程师必须要对你所测的产品负责,需要以严谨的态度,不放过每一个细节,尽可能找出所有的Bug。虽然不能做到完全没有Bug,但一名负责任的测试人员应尽自己最大的努力保证自己所负责产品的质量。

（2）涉猎广泛的专业技术。

技术是为测试服务的,不管是测试理论、测试工具、操作系统、开发知识、数据库,还是网络知识,至少需要有一门精通,其他的也要熟悉。因为测试与开发或者其他行业不同,它更多的是考验你在专业技术上的广度而不是深度,以应对随时可能产生的各种Bug。

（3）具备扎实的业务知识。

光有技术没有扎实的业务知识,再好的技术也很难派上用场,熟练的业务知识会帮助你发现更多的Bug,从而更好地保证产品的质量。

（4）具备良好的沟通能力。

测试人员常常需要与不同部门的人员打交道。如何更精确、更简练、更严谨地去描述Bug,并保证开发人员可以接受你发现的Bug,都需要依靠良好的沟通能力去表达和说服,所以良好的沟通能力尤为重要。

（5）具备缜密的逻辑思维能力。

测试人员不仅要发现问题，找出 Bug，更重要的是去寻找 Bug 产生的真正原因，精准地找到问题发生的源头，以便协助开发人员更好、更快地彻底解决 Bug。这个比较考验测试人员思维的灵敏度和推理能力。

（6）善于学习的能力。

软件测试技术随着时间的变化也在不断更新迭代，作为一名优秀的测试人员，要善于利用书籍、论坛、网站、同行交流等各种资源去不断提高自己的软件测试水平。同时，也要多向软件领域的一些专家、同行学习，持续提高自己的业务知识水平。

6. 你用过哪些 Bug 管理工具？简述一下它们的优缺点。你平时最喜欢用哪款管理工具？为什么？

答：Bugfree 和禅道。Bugfree 是禅道的前身，是基于 Web 的缺陷管理系统，配置安装简单，只需到网上获取安装包，再配置 PHP 通用的环境即可。纯功能型的界面无所谓美观，没有直接的截图功能但是可以以附件的形式存在，也有简单的报表统计功能，整体使用比较容易上手，而且是开源免费中文版的 Bug 管理系统。禅道功能强大，但偏向于项目管理，并不仅仅用于缺陷管理，所以上手会有些复杂。缺点是页面上需要填写的字段并没有完全覆盖开发和测试人员的全部需求，同时部分填写内容用处不大。

7. 一份完整的测试计划包括哪些内容？

答：完整的测试计划包括项目背景、编写依据、测试环境（含硬件环境、软件环境等）、测试人员、测试场地、培训、测试日期、进度安排、测试类别、测试方法、准入准出条件、注释、需求追溯。

8. 使用 LoadRunner 进行性能测试时，如果服务器响应时间很高，是否可以说明系统达到了瓶颈点？

答：服务器响应时间很高并不代表系统达到了瓶颈，因为系统瓶颈的具体原因很多，有可能是内存、硬盘读取速度、CPU 等多方面因素引起的。

9. B/S 和 C/S 有什么区别？它们各自的测试点有哪些？

答：B/S 和 C/S 的硬件环境不同，C/S 一般建立在专用网络上，B/S 一般建立在广域网络上。C/S 一般面向固定用户群，对信息安全控制能力强；B/S 建立在广域网上，信息安全控制能力相对较弱。C/S 更注重流程，较少考虑系统运行速度；B/S 则对安全和访问速度有更高要求。B/S 建立在浏览器平台上，C/S 则不是。C/S 需要测试安装和卸载，B/S 不需要。C/S 不需要测试浏览器兼容性，但需要测试系统兼容性，B/S 相反。B/S 需要测试表单、链接、脚本等方面；C/S 则需要测试升级、链接、维护和数据验证。

10. 如何在 Linux 下判断 8080 端口是否被占用？

答：使用命令：

```
ps - aux | grep tomcat
```

发现并没有 8080 端口的 Tomcat 进程。

使用命令：netstat -apn

查看所有的进程和端口使用情况。发现下面的进程列表，其中最后一栏是 PID/Program name。

发现 8080 端口被 PID 为 9658 的 Java 进程占用。

进一步使用命令：ps -aux｜grep Java，或者直接输入 ps -aux｜grep pid 查看，就可以明确知道 8080 端口是被哪个程序占用了，然后判断是否使用 kill 命令将其杀死。

11. 如何查找 Tomcat 所在目录？

答：Linux 打开终端，输入

```
cd /Java/tomcat              #执行
bin/startup.sh               #启动 Tomcat
bin/shutdown.sh              #停止 Tomcat
tail -f logs/catalina.out    #查看 Tomcat 的控制台输出
#查看是否已经有 Tomcat 在运行了
ps -ef|grep tomcat
#如果有,用 kill 命令将其杀死
kill -9 pid #pid 为相应的进程号
```

12. 如何查看 Tomcat 所占用的进程号？

答：执行命令

```
$ ps -ef|grep tomcat
```

你就能找出 Tomcat 占据的进程号，前提是 Tomcat 启动了。

13. 数据库中有 4 张表：

```
Student(S#,Sname,Sage,Ssex)学生表
Course(C#,Cname,T#)课程表
SC(S#,score)成绩表
Teacher(T#,Tname)教师表
```

（1）查询所有学生的学号、姓名、选课数、总成绩。

```
Select StuId, StuName, (Select Count(CourseId) From tblScore t1 Where t1.StuId = s1.StuId)
SelCourses, (Select Sum(Score) From tblScore t2 Where t2.StuId = s1.StuId) SumScore From
tblStudent s1
```

（2）查询平均成绩不小于 60 分的学生的学号和平均成绩。

```
select S#,avg(score)
from sc
group by S# having avg(score) > 60;
```

14. 将一根绳子从头到尾烧掉需要 1h,现在有若干根这样的绳子,求如何计时 1h15min?

答:用一根绳子两头点燃,同时另取一根绳子点燃。

当第一根绳子燃烧完,即为半小时,这时第二根绳子的另一头点燃,并开始计时。

从计时开始到第二根绳子燃烧完用时 15min。

再取一根绳子点燃,直至这根绳子燃烧完,计时结束。

总计时开始的那刻开始到计时结束用时 1h15min,可以此来计时。

10.7 软通动力

1. Python 写脚本时用到的 HTTP 库有哪些,库里有什么方法?

答:

(1) Python 自带库:urllib2。

(2) Python 自带库:httplib。

(3) 第三方库:requests。

2. 在你提出 Bug 时怎样区分是前端问题还是后端问题?

答:这个就是 Bug 定位能力了,显示样式问题给前端,数据、逻辑问题给后端。

3. 如何提高测试效率?

答:测试效率的提高要求以下几点:尽早介入项目中,了解项目需求,做好前期准备,制订高质量的测试计划和测试用例,并且认真执行评审,提高测试接受的标准,减少测试版本送测次数,发挥主观能动性,和开发人员积极沟通,并且引入自动化测试工具。同时也要对目标充满信心,并且注意提高测试人员的工作能力和专业技能。

4. 白盒测试需要注意哪些问题?

答:白盒测试应用需注意的问题主要有以下两点。

(1) 白盒法全面了解程序内部逻辑结构、对所有逻辑路径进行测试。白盒法是穷举路径测试。在使用这一方案时,要求测试者必须检查程序的内部结构,从检查程序的逻辑着手,得出测试数据。贯穿程序的独立路径数是天文数字,但即使每条路径都测试了仍然可能有错误。第一,穷举路径测试不能查出程序违反了设计规范,即程序本身是个错误的程序;第二,穷举路径测试不可能查出程序中因遗漏路径而出错;第三,穷举路径测试可能发现不了一些与数据相关的错误。

(2) 白盒测试是工作量巨大并且枯燥的工作,可视化的设计对于测试来说是十分重要的。在选购白盒测试工具时,应当考虑该款测试工具的可视化是否良好。测试过程中是否可以显示覆盖率的函数分布图和上升趋势图,是否使用不同的颜色区分已执行和未执行的代码段,显示分配内存情况实时图表等,这些对于测试效率和测试质量的提高是具有很大作用的。白盒测试目前主要用在具有高可靠性要求的软件领域,例如航天航空软件、工业控制软件等。

5. 编写一段 Python 代码，要求是读取某个文件的内容并按行显示。

答：

```
f = open("c:\\1.txt","r")
lines = f.readlines() #读取全部内容
for line in lines
    print line
```

6. Python 中实现 json 和字典类型转换的库函数是什么？

答：

```
# - * - coding:utf - 8 - * -
import json
a = '{"isOK": 1, "isRunning": "None", "isError": "None"}'
b = json.loads(a)
print b["isOK"]
```

7. TCP 和 UDP 的差别是什么？

答：TCP(Transmission Control Protocol，传输控制协议)是基于连接的协议，也就是说在正式收发数据前必须和对方建立可靠的连接。一个 TCP 连接必须要经过 3 次"对话"才能建立起来，其中的过程非常复杂，我们这里只做简单、形象的介绍，你只要做到能够理解这个过程即可。我们来看看这 3 次对话的简单过程：主机 A 向主机 B 发出连接请求数据包"我想给你发数据，可以吗？"这是第一次对话；主机 B 向主机 A 发送同意连接和要求同步（同步就是两台主机一个在发送，另一个在接收，协调工作）的数据包"可以，你什么时候发？"这是第二次对话；主机 A 再发出一个数据包确认主机 B 的同步要求"我现在就发，你接收吧！"这是第三次对话。3 次"对话"的目的是使数据包的发送和接收同步，经过 3 次"对话"之后，主机 A 才向主机 B 正式发送数据。

UDP(User Data Protocol，用户数据报协议)是与 TCP 相对应的协议。它是面向非连接的协议，不与对方建立连接，而是直接把数据包发送过去。

UDP 适用于一次只传送少量数据、对可靠性要求不高的应用环境。例如，我们经常使用 ping 命令来测试两台主机之间的 TCP/IP 通信是否正常，其实 ping 命令的原理就是向对方主机发送 UDP 数据包，然后对方主机确认收到数据包，如果数据包是否到达的消息及时反馈回来，那么网络就是通的。例如在默认状态下，一次 ping 操作发送 4 个数据包，发送的数据包数量是 4 包，收到的也是 4 包（因为对方主机收到后会发回一个确认收到的数据包）。这充分说明了 UDP 协议是面向非连接的协议，没有建立连接的过程。正因为 UDP 协议没有连接的过程，所以它的通信效果高；但也正因为如此，它的可靠性不如 TCP 协议高。QQ 就使用 UDP 发消息，因此有时会出现收不到消息的情况。

TCP 协议和 UDP 协议的差别：

	TCP	UDP
是否连接：	面向连接	面向非连接
传输可靠性：	可靠	不可靠
应用场合：	传输大量数据	少量数据
速度：	慢	快

8．详述单元测试、集成测试、系统测试、验收测试的差别和联系。

答：根据不同的测试阶段，测试可以分为单元测试、集成测试、系统测试和验收测试。体现了测试由小到大、由内至外、循序渐进的测试过程和分而治之的思想。

单元测试的粒度最小，一般由开发小组采用白盒方式来测试，主要测试单元是否符合"设计"。

集成测试界于单元测试和系统测试之间，起到"桥梁作用"，一般由开发小组采用白盒加黑盒的方式来测试，既验证"设计"，又验证"需求"。

系统测试的粒度最大，通常由独立测试小组采用黑盒方式来测试，主要测试系统是否符合需求规格说明书。

验收测试与系统测试相似，主要区别是测试人员不同，验收测试由用户执行。

黑盒测试不考虑程序内部结构和逻辑结构，主要用来测试系统的功能是否满足需求规格说明书。一般会有一个输入值，一个输出值和期望值做比较。

白盒测试主要应用在单元测试阶段，是对代码级的测试，针对程序内部逻辑结构，测试手段有语句覆盖、判定覆盖、条件覆盖、路径覆盖、条件组合覆盖。

集成测试主要用来测试模块与模块之间的接口，同时还要测试一些主要业务功能。

系统测试是在经过以上各阶段测试确认之后，把系统完整地模拟客户环境来进行的测试。

9．详述一款你使用过的 Bug 管理工具。

答：禅道是第一款国产的优秀开源项目管理软件。具有先进的管理思想，合理的软件架构，简洁实效的操作，优雅的代码实现，灵活的扩展机制，以及强大而易用的 api 调用机制、多语言支持、多风格支持、搜索功能、统计功能。

10．编写测试用例需要哪些文档？测试用例有哪些基本要素？设计用例有哪些方法？

答：编写测试用例需要软件的需求规格说明书。

测试用例的基本要素有用例的编号、用例的标题、用例类别、测试用例操作步骤、测试输入的数据、预期结果。对应软件版本、用例设计者、用例执行者。

设计用例的方法有错误推测法、等价类划分法、边界值法、因果图法、判定表法、场景法、正交表法、大纲法等。

11．在编写用例的过程中，如果原型出现逻辑上的错误或者模糊功能点，你会和哪些人员沟通？沟通的侧重点在哪里？

答：优先和测试组的老员工，以及熟悉这个软件的人员沟通。如果是需求不明确所导致的问题，则去与产品或项目经理沟通。沟通的侧重点在于测试依据的详细化和具体测试点的量化。

10.8　悠活科技

1. 黑盒测试的常用测试用例设计方法都有哪些？

答：

（1）等价类划分。

等价类是指某个输入域的子集合。在该子集合中，各个输入数据对于揭露程序中的错误都是等效的，并合理地假定测试某等价类的代表值就等于对这一类其他值的测试。因此可以把全部输入数据合理划分为若干等价类。在每一个等价类中取一个数据作为测试的输入条件就可以用少量代表性的测试数据取得较好的测试结果。等价类划分可分为两种不同的情况：有效等价类和无效等价类。

（2）边界值分析法。

边界值分析方法是对等价类划分方法的补充。测试工作经验告诉我，大量的错误发生在输入或输出范围的边界上，而不是发生在输入输出范围的内部。因此针对各种边界情况设计测试用例，可以查出更多的错误。使用边界值分析方法设计测试用例，首先应确定边界情况。通常输入和输出等价类的边界，就是应着重测试的边界情况。应当选取正好等于，刚刚大于或刚刚小于边界的值作为测试数据，而不是选取等价类中的典型值或任意值作为测试数据。

（3）错误猜测法。

基于经验和直觉推测程序中可能存在的各种错误，从而有针对性地设计测试用例的方法。

错误推测方法的基本思想是列举出程序中所有可能的错误和容易发生错误的特殊情况，根据它们选择测试用例。

在单元测试时曾列出许多在模块中常见的错误，以前产品测试中曾经发现的错误等，这些就是经验的总结。还有，输入数据和输出数据为 0 的情况，输入表格为空格或输入表格只有一行等，这些都是容易发生错误的情况。可选择这些情况下的例子作为测试用例。

（4）因果图方法。

前面介绍的等价类划分方法和边界值分析方法都是着重考虑输入条件，但未考虑输入条件之间的联系、相互组合等。考虑输入条件之间的相互组合可能会产生一些新的情况，但要检查输入条件的组合不是一件容易的事情，即使把所有输入条件划分成等价类，它们之间的组合情况也相当多。因此必须考虑采用一种适合描述多种条件的组合，相应产生多个动作的形式来考虑设计测试用例。这就需要利用因果图（逻辑模型），因果图方法最终生成的就是判定表。它适合于检查程序输入条件的各种组合情况。

（5）正交表分析法。

有时候可能因为大量的参数组合而引起测试用例数量上的激增，同时，这些测试用例并没有明显的优先级上的差距，而测试人员又无法完成这么多数量的测试，就可以通过正交表来缩减一些用例,从而达到使用尽量少的用例覆盖尽量大的范围的可能性。

(6) 场景分析方法。

根据用户场景来模拟用户的操作步骤,类似于因果图,但是可以执行的深度和可行性更好。

(7) 状态图法。

状态图法通过输入条件和系统需求说明得到被测系统的所有状态;通过输入条件和状态得出输出条件;通过输入条件、输出条件和状态得出被测系统的测试用例。

(8) 大纲法。

大纲法是一种着眼于需求的方法,为了列出各种测试条件,将需求转换为大纲的形式。大纲表示为树状结构,在根和每个叶子节点之间存在唯一的路径。大纲中的每条路径定义了一个特定的输入条件集合,用于定义测试用例。树中叶子的数目或大纲中的路径给出了测试所有功能所需测试用例的大致数量。

2. 为什么要编写测试用例? 编写测试用例的重点在哪里?

答:

(1) 编写测试用例可以避免测试点的遗漏。

(2) 编写测试用例是为了更好地进行测试,提高测试效率。

(3) 测试用例是根据需求来编写的,开发也是根据需求做的,测试用例完成后要进行用例评审,减少开发和测试人员对需求的不同理解造成的缺陷。

(4) 有时候需求是一点点来的,不是很系统,测试用例需及时更新作为系统的需求。

3. 如何测试一个纸杯?

答:

(1) 需求。

测试一个带广告图案的花纸杯。

(2) 相关背景。

① 杯子特性:

杯子的容量:能装多少升水。

杯子的形状:圆形,上面口大,下面小。

杯子的材料:纸杯。

杯子的抗摔能力:风吹是否会倒,摔一次是否会摔坏,摔多次是否会摔坏。

杯子的耐温性:装冷水、冰水、热水。

② 广告图案:

广告内容与图案碰水是否会掉色。

广告内容与图案是否合法。

广告内容与图案是否容易剥落。

(3) 影响范围。

① 可用性:

装入水多久后会漏水。

装入热水多久后会变凉,装入冰水多久后会融化。

② 安全性:

装入不同液体是否有化学反应,例如可乐、咖啡等饮料。

装入热水杯子是否会变形和产生异味。

③ 性能:

杯子的形状是否适合不同人群,包括握杯的感觉和喝水的感觉。

不同人群是否能接受杯子的广告内容与图案。

4. 请编写一个普通三角形、等腰三角形、等腰直角三角形、等边三角形的测试用例。

答:三角形测试用例类别如表 10.1 所示。

表 10.1 三角形等价类划分

输入条件	有效等价类	无效等价类
是否是三角形	$(A>0)$ (1) $(B>0)$ (2) $(C>0)$ (3) $(A+B>C)$ (4) $(B+C>A)$ (5) $(C+A>B)$ (6)	$(A<=0)$ (7) $(B<=0)$ (8) $(C<=0)$ (9) $(A+B<=C)$ (10) $(B+C<=A)$ (11) $(C+A<=B)$ (12)
是否是等腰三角形	$(A=B)$ (13) $(B=C)$ (14) $(C=A)$ (15)	$(A!=B)and(B!=C)and(C!=A)$ (16)
是否是等腰直角三角形	$(A=B)and(A2+B2=C2)$ (17) $(B=C)and(B2+C2=A2)$ (18) $(C=A)and(C2+A2=B2)$ (19)	$(A!=B)and(B!=C)and(C!=A)$ (20)
是否是等边三角形	$(A=B)and(B=C)and(C=A)$ (21)	$(A!=B)$ (22) $(B!=C)$ (23) $(C!=A)$ (24)

三角形测试用例如表 10.2 所示。

表 10.2 三角形测试用例

序号	[A,B,C]	覆盖等价类	输出
1	[3,4,5]	(1)(2)(3)(4)(5)(6)	是三角形
2	[0,1,2]	(7)	非三角形
3	[1,0,2]	(8)	非三角形
4	[1,2,0]	(9)	非三角形
5	[1,2,3]	(10)	非三角形
6	[1,3,2]	(11)	非三角形

续表

序号	[A,B,C]	覆盖等价类	输出
7	[3,1,2]	(12)	非三角形
8	[3,3,4]	(1)(2)(3)(4)(5)(6)(13)	等腰三角形
9	[3,4,4]	(1)(2)(3)(4)(5)(6)(14)	等腰三角形
10	[3,4,3]	(1)(2)(3)(4)(5)(6)(15)	等腰三角形
11	$[2\sqrt{2},2\sqrt{2},4]$	(1)(2)(3)(4)(5)(6)(17)	等腰直角三角形
12	$[4,2\sqrt{2},2\sqrt{2}]$	(1)(2)(3)(4)(5)(6)(18)	等腰直角三角形
13	$[2\sqrt{2},4,2\sqrt{2}]$	(1)(2)(3)(4)(5)(6)(19)	等腰直角三角形
14	[3,4,5]	(1)(2)(3)(4)(5)(6)(16)(20)(22)(23)(24)	是三角形
15	[3,3,3]	(1)(2)(3)(4)(5)(6)(16)(21)	等边三角形
16	[,,]	无效等价类	错误提示
17	[-3,4,5]	无效等价类	错误提示
18	[a,3,@]	无效等价类	错误提示
19	[3,4]	无效等价类	错误提示

5. 一只小猴子有 100 根香蕉,它要走 50m 才能到家,每次它最多搬 50 根香蕉(多了就被压死了)。它每走 1m 就要吃掉一根,请问它最多能把多少根香蕉搬到家里?

答:100 只香蕉分两次运,一次运 50 根,走 1m,再回去搬另外 50 根,这样走了 1m 的时候,前 50 根吃掉了两根,后 50 根吃掉了 1 根,剩下 48+49 根;2m 的时候剩下 46+48 根⋯⋯到 16m 的时候剩下(50-2×16)+(50-16)=18+34 根;17m 的时候剩下 16+33 根,共 49 根;然后把剩下的这 49 根一次运回去,要走剩下的 33m,每米吃一根,到家还有 16 根香蕉。

10.9 格瓦拉

1. 给你一个输入手机号的 Web 输入框,怎样测试?

答:内容:整数;长度:11 位;约束:非空、以 1 开头的;输入 10 位数字;输入 12 位数字;输入以 1 开头的包含特殊字符;输入以 1 开头的包含字母;是否区分大小写;是否区分全角半角;输入中文;输入空格;以字母、中文、特殊字符开头;输入 11 位数字。

2. 你是怎样通过 Fiddler 进行弱网测试的,是怎样设置的?

答:首先进行弱网环境设置,单击"规则"菜单,选择"自定义规则",进入限速 Code 部分。在 Fiddler 脚本编辑器中找到 SimulateModem 部分,然后根据需要来设置所需的弱网环境的延迟,如图 10.12 和图 10.13 所示。

需要启动弱网测试时,进入规则菜单,选择"性能",在下一级子菜单中勾选"模拟调制解调器速度",即可开启弱网环境,如图 10.14 所示。

图 10.12 Fidder 规则选择

```
if (m_SimulateModem) {
    // Delay sends by 300ms per KB uploaded.
    oSession["request-trickle-delay"] = "300";
    // Delay receives by 150ms per KB downloaded.
    oSession["response-trickle-delay"] = "150";
}
```

图 10.13 弱网测试设置

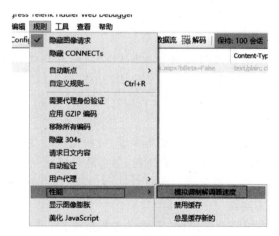

图 10.14 开启弱网环境

3. 给你一个备注输入框,怎样测试?

答:输入中英文空格、超长字符,输入字符串中间含空格、首尾含空格,输入特殊字符、HTML 格式语言、特殊字符串 null、正常字符串。

4．你有没有做过兼容性测试，大致都是怎样测的？

答：（1）Web 兼容性测试。

首先开展人工测试，测试工程师测试主流浏览器和常用操作系统主流程和主界面，看看主流程和主界面是否有问题，如果存在问题，那么记录下 Bug 情况，以及浏览器型号、版本和操作系统，准确定位 Bug 产生的原因，提交 Bug，告知开发人员修改。所有的主流设备都需要进行测试，只关注主流程和主界面，毕竟每个系统主流程和主界面不是很多，所以这个工作量还是可以承受的。

其次借助第三方测试工具，目前我觉得比较好用的第三方 Web 测试工具有 IEtester（离线）和 SuperPreview（离线），一款可以测试 IE 的兼容；另一款可以测试主流浏览器的兼容，包括谷歌、火狐、Opera 等。借助第三方测试工具找到 Bug 产生的位置，分析测试结果，告知程序员调整。

（2）App 兼容性测试。

App 的兼容性测试和 Web 测试类似，首先开展人工测试，测试工程师借助测试设备对主流程和主功能、主界面进行测试；收集所有能收集到的、不同型号的测试设备测试主流程和主界面，看看主流程和主界面是否有问题，如果存在问题，综合考虑设备的使用率等因素，判断是否需要调整，如果需要，那么记录下 Bug 的情况及测试设备的型号和操作系统，准确定位 Bug 产生的原因，提交 Bug，告知开发人员修改。

其次借助第三方测试工具，对于 App 的兼容性测试，我推荐百度众测平台和云测平台，我经常使用的是云测平台，这两款测试工具里面包含了安卓和 iOS 的测试，测试很齐全，包括功能测试、深度兼容测试、性能测试、网络环境测试，还可以模拟海量用户测试，以及导入自己编写的测试用例进行功能测试。

5．你提交 Bug 时一般需要提交什么内容？

答：①提交版本缺陷报告时通过该字段标识此缺陷存在于被测试软件的哪个版本；②Bug 报告优先级；③Bug 状态；④Bug 的编号；⑤发现人；⑥提交人；⑦指定处理人；⑧概述；⑨从属关系；⑩详细描述严重程度；⑪所属模块；⑫附件；⑬提交日期。

6．简单说一下测试的流程。

答：测试需求分析阶段：阅读需求、理解需求、分析需求点、参与需求评审会议。

测试计划阶段：主要任务是编写测试计划，参考软件需求规格说明书写出项目总体计划，内容包括测试范围（来自需求文档）、进度安排、人力物力的分配、整体测试策略的制订。风险评估与规避措施也需制订。

测试设计阶段：主要编写测试用例，需要参考需求文档（原型图）、概要设计、详细设计等文档，用例编写完成之后进行评审。

测试执行阶段：搭建环境，执行冒烟测试（预测试），然后进入正式测试，Bug 管理直到测试结束。

测试评估阶段：出测试报告，确认是否可以上线。

7. 备注输入框后面有一个按钮,运行逻辑时按一下这个按钮,自动计算出前面备注输入框里面有多少个 a,这个你怎样测试?

答:例如 a　Aa　AaA aaa　aAa A8 a7 a8a a_18。

大 A、小 a、放中间、放后边、放中间、和其他字符组合。

8. LoadRunner 和 JMeter 有用过吗?分别用于什么样的场景?LoadRunner 的使用流程是什么?

答:用过,LoadRunner 功能强大,适合复杂场景和大型项目;JMeter 可以做 Web 程序的功能测试,利用 JMeter 中的样本可以做灰盒测试,LoadRunner 主要用作性能测试。

LoadRunner 的使用流程:

回答 1:首先使用脚本录制工具来录制操作的脚本;其次根据需要的效果对脚本进行相应的编辑调试。在调试完成之后就可以放到 controller 中进行场景的设计与运行,等待运行结束后,使用 analysis 对运行结果进行分析,把所需要的测试数据生成报告并导出,再将测试报告整理并确认无误后即可。

回答 2:分为 3 步,首先用 vugen 录制脚本,一般 Web 服务器我用 HTTP 协议,然后调试脚本,例如想测试某个系统的响应时间,就要添加事物点,到时候分析结果里就可以看到这个事物的响应时间,也可以插入集合点,使多个用户并发进行同一个操作。测试并发能力也可以进行参数化设置。可以变更参数化,然后进行设置场景、选择脚本、设置用户数、设置等待时间等多用户的并发测试。最后分析结果,查看线程图、事物响应时间、吞吐量等。

9. 买会员需 90 元,每周发一张免费票,一共 12 张,用于兑换 70 元以下的电影票,电影票有 3 种状态,未发、可以使用和过期,请说出测试点?

答:90 元、会员价格、兑换票的价格、账号会员状态。

每周发票的数量限制。

12 张票每周发一次,12 周后是否还可以获取。

每次获取兑换票的价格,使用边界值。

兑换后过期时间的状态跟踪。

如何修改数据库初始日期来确定第二周的票发没发。

把初始日期改成当前日期的前一个星期,精确到分钟。

当初始日期刚好过了一星期,查看是否可以再次发票。

如何确定 12 张票已发完。

修改数据库据初始日期到 12 周之前,查看是否可以再次发票。

10.10　博彦科技

1. 请写出百度搜索框的测试用例。

答:功能测试:

(1)搜索内容为空,验证系统如何处理。

（2）搜索内容为空格，查看系统如何处理。

（3）边界值验证：在允许的字符串长度内外，验证系统的处理。

（4）输入超长字符串，系统是否会截取允许的长度来检验结果。

（5）输入合法长度的字符串后，加空格验证检索结果。

（6）多个关键字中间加入空格、逗号、Tab 验证系统的结果是否正确。

（7）验证每种合法的输入，结果是否正确。

（8）是否支持检索内容的复制、粘贴、编辑等操作。

（9）是否支持回车键搜索。

（10）多次输入相同的内容，查看系统的检索结果是否一致。

（11）特殊字符、转义字符、HTML 脚本等需要做处理。

（12）输入敏感词汇，提示用户无权限等。

（13）输入的内容是否支持快捷键操作等。

（14）只能输入允许的字符串长度等。

（15）输入链接是否正确跳转。

（16）搜索的历史记录是否显示在下面。

（17）搜索内容有没有联想功能。

（18）是否可以输入数字、英文、中文。

（19）是否可以混合输入数字、英文、中文。

（20）输入拼音也可以进行检索。

（21）语音搜索的内容是否匹配。

（22）断网时，无法搜索。

（23）进行图片搜索时可以选择拍照或从相册中选取图片进行搜索。

（24）如果从相册中选取图片进行搜索，图上的大小是否有限制，最大为多少。

（25）搜索框边上有相机图片，便于图片搜索。

（26）单击清空历史记录，搜索框是否会清空历史记录。

（27）能否识别图片中的内容。

（28）单击搜索，显示搜索界面。

界面测试：

（1）查看 UI 是否显示正确，布局是否合理。

（2）是否有错别字。

（3）搜索结果显示的布局是否美观。

（4）已查看的结果链接，链接的颜色要灰化处理。

（5）结果数量庞大时，页面的分页布局是否合理。

（6）界面的颜色搭配是否合理。

安全性测试：

（1）脚本的禁用。

（2）SQL 的注入，检索 SQL SELECT 语句等。

（3）敏感内容的检索是禁止的。

（4）特殊字符的检索。

（5）被删除、加密、授权的数据，不允许被查出来。

（6）是否有安全设计控制。

兼容性测试：

（1）多平台 Windows、Mac。

（2）移动平台 Android、iOS。

（3）多浏览器火狐、Chrome、IE 等。

性能测试：

（1）搜索页面链接打开的时间。

（2）搜索出结果的消耗时间。

（3）弱网时搜索的响应时间。

（4）不同网速下搜索时的响应时间，例如 3G、4G、WiFi。

易用性：

（1）有联想功能。

（2）搜索内容与搜索结果的匹配程度。

（3）支持拍照搜索、语音搜索。

2．请写出微信点赞测试用例。

答：功能测试：

（1）点赞成功。

（2）点赞后取消点赞。

（3）弱网状态下点赞。

（4）没网情况下点赞。

（5）点赞后评论。

（6）点赞后消息列表的显示（按时间还是按昵称）。

（7）点赞后共同好友可以看到。

（8）点赞显示行的一行可以显示多少人。

（9）点赞人数限制。

（10）点赞显示行的排列（按点赞时间）。

（11）点赞显示行头像的显示。

（12）点赞时断电。

（13）点赞时断网。

（14）点赞时手机故障。

（15）点赞时来电话。

（16）点赞时来短信。

（17）点赞刚删除的朋友圈。

（18）同一朋友圈，两个好友同时点赞。

（19）点赞自己的朋友圈。

（20）点赞好友的朋友圈。

性能测试：

（1）点赞后好友接收消息的更新速度。

（2）界面测试。

（3）界面简单美观。

（4）易用性。

（5）操作简单、明了。

兼容性：

（1）不同操作系统。

（2）不同微信版本。

（3）不同手机型号。

（4）不同计算机型号。

3. 请写出验证码测试用例。

答：

（1）如果登录功能启用了验证码功能，在用户名和密码都正确的前提下，输入正确的验证码，验证是否登录成功。

（2）如果登录功能启用了验证码功能，在用户名和密码都正确的前提下，输入错误的验证码，验证是否登录失败，并且提示信息正确。

（3）用户名和密码是否大小写敏感。

（4）页面上的密码框是否加密显示。

（5）后台系统创建的用户第一次登录成功时，是否提示修改密码。

（6）忘记用户名和忘记密码的功能是否可用。

（7）前端页面是否根据设计要求限制用户名和密码的长度。

（8）如果登录功能需要验证码，单击验证码图片是否可以更换验证码，更换后的验证码是否可用。

（9）刷新页面是否刷新验证码。

（10）如果验证码具有时效性，需要分别验证时效内和时效外验证码的有效性。

（11）多次获取验证码，账户是否会封停，验证码是否都是同一个验证码，是否有时间限制。

（12）是否可以使用登录的 API 发送登录请求，并绕开验证码校验。

（13）登录有时效性是否控制正确。

（14）使用中文键盘输入字母时和使用英文键盘输入字母时传给后端的字符长度是否一致。

4. 请用你最熟悉的代码写一段冒泡排序。

答：Python：

```
def bubbleSort(arr):
    n = len(arr)
    # 遍历所有数组元素
    for i in range(n):
        # Last i elements are already in place
        for j in range(0, n - i - 1):
            if arr[j] > arr[j + 1] :
                arr[j], arr[j + 1] = arr[j + 1], arr[j]

arr = [64, 34, 25, 12, 22, 11, 90]
bubbleSort(arr)
print ("排序后的数组:")
for i in range(len(arr)):
print ("% d" % arr[i])
```

5. 请写出查看 CPU 的 adb 命令。
答：

```
adbShell cat /proc/cpuinfo
```

6. 请写出查看磁盘的 adb 命令。
答：

```
adbShell df
```

7. 请写一个 monkey 命令。
答：

```
adbShell monkey - p xxx.xxxx.xxxx -- ignore - crashes - ignore - timeout - throttle 1000 - v - v - v 200000 > c:\monkeylog.txt
```

8. App 测试和 Web 测试怎样做压测？
答：App 端做压测用 Monkey，Web 端做压测使用 LoadRunner 或者 JMeter。

9. 在直播课程时突然黑屏了，你怎样办？
答：逐项排查：网络、手机电量、内容、运存、接口传输数据、后台、数据库，以及视频文件状况。

10. 浏览器返回了一个空白页，该缺陷怎样定位？
答：逐项排查：网络、浏览器兼容性、接口传输数据、后台服务器、数据库。问题常为以下几种：

（1）页面代码本身就是空白的，按 F12 查看。

（2）本地无网络，浏览器是否缓存、是否为空白页。

（3）发送超时，接收超时，服务器超时。

（4）域名错误，IP 解析不了。

11. 求性能测试的常见指标。

答：从外部看，性能测试主要关注如下 3 个指标：

（1）吞吐量：每秒系统能够处理的请求数、任务数。

（2）响应时间：服务器处理一个请求或一个任务的耗时。

（3）错误率：一批请求中结果出错的请求所占比例。

从服务器的角度看，性能测试主要关注 CPU、内存、服务器负载、网络、磁盘 IO 等。

12. 常见的性能瓶颈有哪些？

答：吞吐量到上限时系统负载未到阈值：一般是被测服务分配的系统资源过少导致的。测试过程中如果发现此类情况，可以从 ulimit、系统开启的线程数、分配的内存等维度定位问题原因。

同一请求的响应时间忽长忽短：在正常吞吐量下发生此问题，可能的原因有两方面，一方面是服务对资源的加锁逻辑有问题，导致处理某些请求的过程中花了大量的时间等待资源解锁；另一方面是 Linux 本身分配给服务的资源有限，某些请求需要等待其他请求释放资源后才能继续执行。

内存持续上涨：在吞吐量固定的前提下，如果内存持续上涨，那么很有可能是被测服务存在明显的内存泄漏，需要使用 valgrind 等内存检查工具进行定位。

13. POST 和 GET 有什么区别？

答：

（1）GET 从服务器获取数据，POST 向服务器传送数据。

（2）GET 把参数数据队列加到提交表单的 ACTION 属性所指的 URL 中，值和表单内各个字段一一对应，在 URL 中可以看到。POST 通过 HTTP POST 机制，将表单内各个字段与其内容放置在 HTML HEADER 内一起传送到 ACTION 属性所指的 URL 地址，用户看不到这个过程。

（3）对于 GET 方式，服务器端用 Request. QueryString 获取变量的值；对于 POST 方式，服务器端用 Request. Form 获取提交的数据。

（4）GET 传送的数据量较小，不能大于 2KB；POST 传送的数据量较大，一般默认为不受限制。但理论上，IIS4 中最大量为 80KB，IIS5 中为 100KB。

（5）GET 安全性非常低，POST 安全性较高，但 GET 的执行效率比 POST 方法好。

注意：（1）GET 方式的安全性较 POST 方式要差些，如果包含机密信息，建议用 POST 方式。

（2）在做数据查询时，建议用 GET 方式；在做数据添加、修改或删除时，建议用 POST 方式。

14. 报文格式有哪些？

答：HTTP 请求报文由请求行、请求头、空行和请求内容 4 个部分构成，如图 10.15 所示。

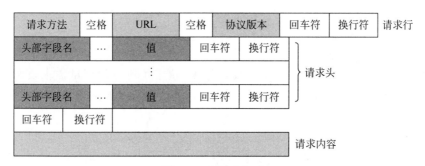

图 10.15　报文格式

HTTP 响应报文由状态行、响应头、空行和响应内容 4 个部分构成，如图 10.16 所示。

图 10.16　报文格式

15. 测试报告怎样写？

答：(1)测试基本信息。

① 测试范围：主要在测试过程中的一个测试范围，描述清楚即可，必写！

② 测试案例设计思路：

③ 功能测试：等价划分类(有效＋无效)、边界值分析、错误推测、场景法等。

④ 界面测试：满足因果图设计、保证界面唯一风格、排版整齐等。

⑤ 兼容性测试：浏览器兼容等。

⑥ 测试结果及缺陷分析：测试执行情况与记录；测试组织；测试时间；冒烟测试情况；测试用例统计。

(2)缺陷的统计与分析。

① 缺陷分析：

按缺陷类型统计：例如大量 Bug 类型为代码类型，只有一个是性能问题。

按严重程度统计：一级严重程度、二级严重程度、三级严重程度。

按功能模块统计：注册登录 10 次、提交订单 5 个。

按测试阶段统计：第一轮、第二轮、第三轮。

② 残留缺陷与未解决的问题。

③ 测试结论与建议。

④ 风险分析及建议。

（3）测试结论。

本项目根据业务需求及开发人员的反馈意见，覆盖了所有的测试需求及案例，均已在 ST 环境测试完成，有效案例 X 个，执行 X 个，Bug Y 个，所有 Bug 和改进均已修改并进行了回归测试。

（4）测试总结。

总结测试的结果，是否达到上线要求。

16. 请写出以下 Linux 命令：查看内存、查看端口。

答：查看内存方法：

方法 1：free 命令。

free 命令是使用最广泛的，毫无疑问是最有用的，此命令用于检查有关系统 RAM 使用情况的信息。在终端中输入以下命令，如图 10.17 所示。

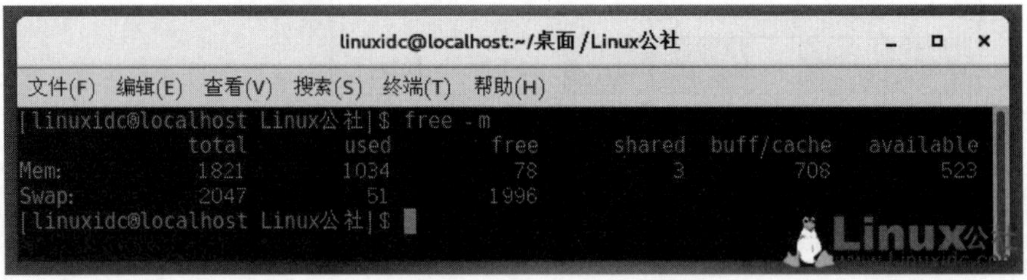

图 10.17　使用 free 命令查看内存

available 列表示可用内存。Swap 条目中 used 列是 51，这意味着它使用了 51MB，空闲部分是 1996MB。

方法 2：top 命令。

top 命令用于打印系统的 CPU 和内存使用情况，如图 10.18 所示。

在输出的标题中，可以看到 KiB Mem 和 KiB Swap 条目，通过它们可以检查已用和可用的内存资源。

查看进程方法：

```
ps   命令
 -a   查看所有
 -u   以用户(user)的格式显示
 -x   显示后台进程运行参数
 -ef  以全格式显示进程的所有信息,包括父进程 Pid、创建人、创建时间、进程号等。
```

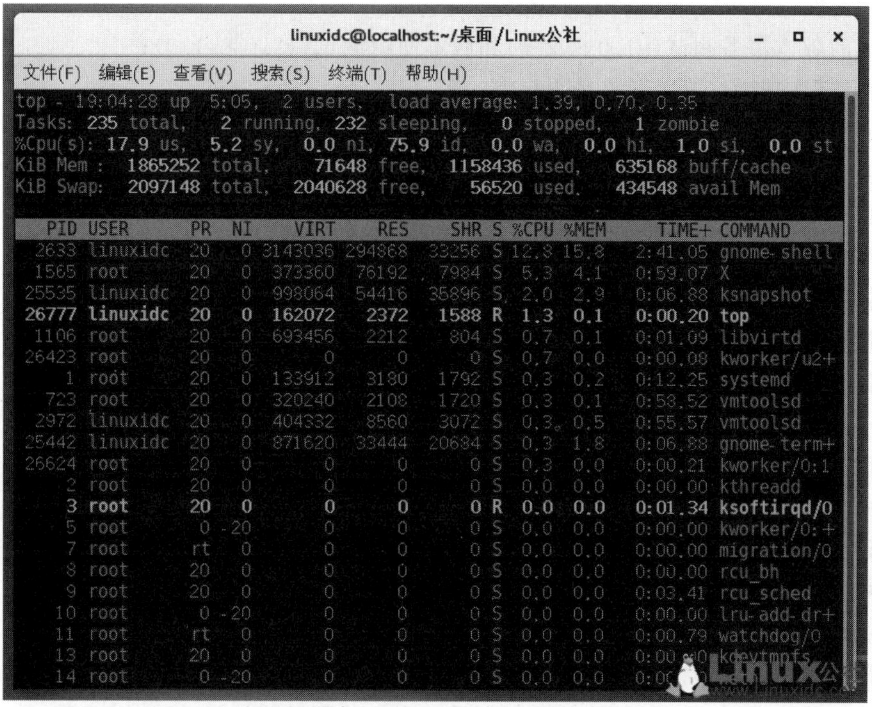

图 10.18　使用 top 命令查看内存

一般项目中,首先要查询一个进程,然后对其进行删除,命令如下:

ps - a | grep helloworld 或

ps - ef | grep helloworld 或者其他

17. App 主要测哪方面?

答:App 功能测试跟其他领域的项目功能测试无太大差异,根据软件需求规格说明书设计测试用例。就 App 功能的复杂度而言,App 功能测试通常不会太复杂。

App 功能测试要点包括以下几个方面:

(1) UI 测试。

界面(菜单、窗口、按钮)布局、风格是否满足客户要求,文字和图片组合是否美观,操作是否友好;

清晰、简洁、美观、响应、一致;

图形测试、内容测试、导航测试;

图形包括图片、颜色、字体、背景、按钮;

文字是否可展示、是否表意不明、是否涉及敏感字段。

(2) 安装与卸载。

安装:

软件安装后是否能够正常运行,安装目录和文件是否正常建立;

App 的版本覆盖测试(v1.0 > v2.0)和版本回退测试(v2.0 > v1.0);

安装过程中取消,下次安装是否正常;

安装过程中收到来电、短信、通知,对安装是否有影响;

安装空间不足时是否有相应的提示。

卸载:

直接卸载 App 是否有提示;

卸载后是否删除相应的安装目录;

卸载是否支持取消功能,单击取消后,是否正常可用;

卸载过程中出现死机、断电、重启等情况,对卸载有什么影响。

(3) 登录和运行。

登录:

用户名和密码错误、漏填时,界面有提示信息;

密码更改后,登录是否正常;

用户主动退出登录后,下次启动 App 时应该进入登录界面;

在 iOS 与 Android 设备上登录同一个账号,用户数据是否同步。

运行:

App 安装完成后,是否可以正常打开,是否有加载图示等;

App 的运行速度是否正常,切换是否流畅。

(4) 切换测试。

切换场景包括 App 切换到后台、多个 App 之间切换;

App 切换到其他 App 或者系统界面,再回到 App,是否停留在上一次操作的界面,App 是否正常使用;

当 App 使用过程中有来电,中断后再切换到 App,功能状态是否正常。

(5) 兼容性测试。

操作系统版本的兼容性(Android 各个版本,iOS 各个版本);

不同手机品牌的兼容性;

App 跨版本的兼容性;

与其他 App 的兼容性。

(6) 升级更新。

当 App 有更新版本时,手机端有更新提示;

当 App 版本为非强制升级版时,可以取消更新,旧版本能正常使用。用户在下次启动 App 时,仍出现更新提示;

当 App 有新版本时,直接更新,检查是否能正常更新;

更新后,检查 App 是否是新版。

（7）异常测试。

交互异常性测试：客户端作为手机特性测试，包括被打扰的情况，例如来电、来短信、低电量测试等，还要注意手机端硬件上，例如待机、插拔数据线、耳机等操作不会影响客户端；

异常性测试：主要指断网、断电、服务器异常等情况下，客户端能否正常处理，保证数据正确性。

（8）网络测试。

目前手机接入的网络主要为 3G、4G、WiFi；

无网络时，有切换网络的操作或者提示；

网络间切换、断网等 App 都有相应提示，重新联网后可正常使用；

在网络信号不好时，检查数据是否会一直处于提交中的状态，有无超时限制，如遇数据交换失败时要给予提示；

弱网络下操作是否有提示。

（9）权限测试。

当权限没有开启时，友好提示是否允许设置，如果允许开启，跳转到设置界面；

有限制允许接入网络提示或选项；

有限制允许读写通讯录、用户数据提示或选项；

有限制允许使用相机提示或选项；

有限制允许使用定位功能提示或选项。

18．如何测试 App 版本的更新？

答：测试点如下：

（1）当客户端有新版本时，提示更新。

（2）非强制更新，可以取消更新，旧版本正常使用，下次使用软件时，仍然会出现更新提示。

（3）强制更新而用户没有更新时，退出客户端，下次启动时依然提示更新。

（4）不卸载更新，检查是否可以更新。

（5）不卸载更新，检查资源同名文件如图片等是否更新成最新版本。

（6）非 WiFi 网络下提示是否更新，取消就加入待下载；WiFi 下自动更新。

19．冒烟测试和回归测试的区别是什么？

答：

（1）测试目的不同：冒烟测试用于确认代码中的更改会按预期运行，且不会破坏整个版本的稳定性；回归测试用于确认修改没有引入新的错误或导致其他代码产生错误。

（2）测试过程不同：冒烟测试是在将代码更改嵌入到产品的源树中之前对这些更改进行验证的过程；回归测试是指漏洞由开发人员修改之后再次测试的过程。

（3）问题解决方式不同：冒烟测试是发现问题后反馈给开发人员进行修改；回归测试是修改完之后验证在进行的工程。

（4）测试周期不同：冒烟测试只集中考虑了一开始的那个问题，而忽略了其他的问题，这就可能引起新的 Bug,冒烟测试的优点是节省测试时间;回归测试作为软件生命周期的一个组成部分,在整个软件测试过程中占有很大的工作量比重,软件开发的各个阶段都会进行多次回归测试。

(5) 测试意义不同:冒烟测试是对软件质量的总体检验,是测试人员对测试流程的熟悉过程,是软件测试过程中一个不可或缺的节点,一个好的冒烟测试过程,对于软件测试效率的提升具有重要意义;回归测试是软件测试中的一个十分重要且成本昂贵的过程,如何减少回归测试成本,提高回归测试效率的研究有十分重要的意义。

20. 你对安全性测试有哪些了解?

答:安全性测试主要指利用安全性测试技术,在产品没有正式发布前找到潜在漏洞。找到漏洞后,需要把这些漏洞修复,避免这些潜在的漏洞被非法用户发现并利用。对于 Web 系统来说,它是一个标准的网络结构系统,所以跟协议有关的漏洞需要避免,其次它是以浏览器为载体的,浏览器层面的漏洞需要注意。一般是使用网页与用户进行交互,而对网络和程序很在行的人很有可能绕开这个界面,直接给服务器发数据包,从而进行一些前台不允许的操作。

具体来说,安全性测试主要包括以下几部分内容:

(1) 认证与授权。

(2) Session 与 Cookie。

(3) DDOS 拒绝服务攻击。

(4) 文件上传漏洞。

(5) XSS 跨站攻击。

(6) SQL 注入。

21. 怎样判断一个缺陷来自前端还是后端? 具体从哪里看?

答:

(1) 在文本框内输入不合法的内容,单击"提交"按钮,如果不合法的内容提交成功,那么应该是前后台没有做校验,前后台都有这个 Bug。

(2) 在文本框内输入合法的内容,单击"提交"按钮,查看到数据库中的数据和输入的内容不一致,这个时候需要看前台传输的数据是否正确,使用 Fiddler 抓包,查看请求头里面的数据是否和输入的内容一致,如果一致就是后台的问题,如果不一致,就是前台的 Bug。

(3) 界面展示不友好、重复提交,这些都是前台的 Bug。

10.11 火山

1. 接口测试的最大难点是什么?

答:接口测试最大的难点莫过于拿不到接口文档。这个只能靠使用抓包工具来解决。

2. Fiddler 模拟弱网怎样操作? 不同网络的上行、下行速率是多少?

答:可以在 Fiddler 中设置弱网操作。网络速率如图 10.19 所示。

图 10.19　宽带传输速度

3. 强制安装软件命令和清除日志命令在项目中什么场景中会用到？

答：强制安装软件的命令通常在冒烟测试刚开始的时候测试安装和卸载操作中会用到。

清除日志的命令通常在测试开始之前清理前一轮测试留下的数据时会用到，避免对下一轮测试的干扰。

4. 如果 App 崩溃怎样分析？

答：去查找后台日志，检查崩溃发生的原因。App 崩溃的原因有很多，从平台或环境到开发问题都有可能。以下是一些崩溃的原因：

（1）设备碎片化：由于设备极具多样性，App 在不同的设备上表现可能不同。

（2）带宽限制：带宽不佳的网络对 App 所需的快速响应时间可能不够。

（3）网络的变化：不同网络间的切换可能会影响 App 的稳定性。

（4）内存管理：可用内存过低，或非授权的内存位置的使用可能会导致 App 崩溃。

（5）用户过多：连接数量过多可能会导致 App 崩溃。

（6）代码错误：没有经过测试的新功能可能会导致 App 在生产环境中崩溃。

（7）第三方服务：广告或弹出屏幕可能会导致 App 崩溃。

移动 App 崩溃的测试用例设计：

测试用例是移动测试最重要部分之一。准备和执行预先定义的、针对移动 App 崩溃的测试用例将简化和加速移动 App 崩溃的测试。一些通用的触发移动 App 崩溃的测试场景如下：

（1）验证在不同屏幕分辨率下，操作系统和运营商的多个设备上的 App 行为。

（2）用新发布的操作系统版本验证 App 的行为。

（3）验证在例如隧道、电梯等网络质量突然改变的环境中的 App 行为。

（4）手动将网络从蜂窝更改到 WiFi 或反过来，验证 App 行为。

（5）验证在没有网络的环境中的 App 行为。

（6）验证来电、短信和设备特定警报（如警报和通知）时的 App 行为。

（7）改变设备的方向，以不同的视图模式验证 App 行为。

（8）验证设备内存不足时的 App 行为。

（9）用测试工具施加载荷验证 App 行为。

（10）用不同的支持语言验证 App 行为。

5．请设计使用微信给朋友发图片的测试用例。

答：

（1）授权方面：

在允许使用相机的情况下发送照片；

在不允许使用相机的情况下发送照片；

在允许调用相册的情况下发送图片；

在不允许调用相册的情况下发送图片。

（2）文件类型：

发送 jpg 格式图片；

发送 gif 格式图片；

发送 png 格式图片；

发送非法格式图片；

发送大于 20MB 的图片；

发送小于等于 20MB 的图片；

发送分辨率大于 10000×10000 的图片；

发送分辨率小于等于 10000×10000 的图片。

（3）网络限制：

在 2G 网络下发送图片；

在 3G 网络下发送图片；

在 4G 网络下发送图片；

在 10MB 宽带 WiFi 下发送图片；

在断网情况下发送图片；

在发送图片时中途断网；

断网后重新连网发送图片。

（4）图像显示：

不同分辨率的图片显示是否正常。

（5）数据库：

上传成功后图片信息是否保存在数据库内；

上传失败后图片信息是否保存在数据库中。

（6）缓存测试：

上传完毕后关闭微信，重新打开微信后查看聊天记录，图片能否显示；

聊天记录内的图片是存放在前台还是后台。

（7）中断测试：

闹钟、电话、短信等。

（8）兼容性测试：

各机型，各平台，各系统，不同分辨率。

6．现在收到反馈 App 崩溃了，说一下处理这件事情的思路。

答：首先，崩溃有几种情况：闪退、提示停止运行、无响应。

（1）接口返回值。

［直接原因］：App 无法解析接口返回值、获取不到要获取的参数、参数类型不对导致客户端代码报错。

［引起原因］：脏数据、网络问题导致接口超时或漏了数组元素、前后台没有统一参数类型标准、参数名错误、实体消失。

［解决办法］：在网络顺畅和不顺畅情况下抓包，对照 api 文档一个一个进行参数对比。如果返回值有数组可以横向对比，可能是其中某个元素内的某个参数和其他元素内的这个参数有内容不同、类型不同、为空、不存在、规范不同的情况。

［测试方法］：首先从两个角度考虑：①后台不要返回这种脏数据，或者脏数据要经过处理再返回给 App；②App 要有一定的容错性，不能因为一个参数就导致崩溃（低级 Bug 瞬间升级到致命 Bug）。所以要从两边测试：①先进行正常的接口测试，保证正常数据返回没有问题，再通过操作数据库或其他手段构造脏数据，测试服务器的错误处理能力；②利用 mock 或抓包工具强行修改返回值，测试 App 端的容错能力。用脚本或手动把所有特定的参数进行更改，包括类型、内容长度、为空、删除掉、不符合规范等情况来测试 App 的容错性和成熟性。

其次网络问题也会导致 App 崩溃，在网络环境很恶劣或变动频繁的情况下进行所有接口测试，保证返回值完整。观察接口返回是否有落下的数组元素。因为 App 的超时判定和服务器的超时判定是不统一的，可能接口超时要 60s，但是 App 只等待 10s，10s 过后就判定失败了，但这不是导致 App 崩溃的原因。导致 App 崩溃的原因在于服务器返回超时后（不是无网络，也不是关掉 WiFi 或数据流量），接口报什么 HTTP 状态码，一般是 502，App 原则上要对所有报 502 的接口都有对应处理和提示，但实际情况是，很多接口有提示但不崩溃，更多的接口会崩溃。所有测试的时候要构造特殊环境，来让所有接口依次超时。方法是可以在抓包工具上打断点，然后不进行继续操作，等着看 App 最终会不会崩溃。

实体消失问题导致崩溃，其实是接口规范上的原因。当因为先后操作，页面未及时刷新导致 App 对一个已经在后台数据库抹除的实体或关系进行访问时，后台又恰好没考虑过此情况，导致后台返回结果不可预料，App 又没有抓取某种异常返回，导致崩溃。测试办法是在测试点中计划好所有这种可以操作到消失实体的情况，来进行模拟测试。或者抓包时强行更改请求实体，来达到请求一个不存在实体的场景，观察服务器如何处理并返回，App 又是否会因此而崩溃。

（2）内存问题。

［直接原因］：客户端 App 代码报错。

［引起原因］：兼容不好、内存不足、内存泄露造成 App 开辟内存空间失败或内存泄漏。

［解决办法］：提醒用户更换手机或关掉后台其他 App 进程，崩溃的 App 要进行全面测试，定位到具体什么操作导致崩溃。

［测试方法］：先进行兼容性测试，用不同的操作系统、手机型号、品牌、系统版本、蓝牙版本去执行一些跟写入、读取有关的功能用例。用 emmagee 监控 App，看各种操作后占用的内存是否超过预期。让开发人员规范代码，及时释放掉占用的存储空间。给手机安装很多个 App，在后台都打开，然后运行要测试的 App，观察其是否会频繁崩溃，可以用 Monkey 测试，虽然 Monkey 无法表明到底是什么原因引起崩溃，但是可以通过观察后台无其他 App 运行和后台运行过多 App 这两种情况，看是否因为后台运行过多 App 而导致 Monkey 崩溃概率高，从而大致判断出被测 App 的生存能力。

（3）下标越界问题。

［直接原因］：客户端 App 代码报错。

［引起原因］：需要操作的元素已经消失、代码错误、超出实体数量，以及读取或写入本地文件或缓存时的 IO 错误。

［解决办法］：调查引起崩溃的具体操作步骤，然后提交开发人员解决，前端代码容错率需要提高。

［测试方法］：边界值测试为核心思想，测试正常情况有关数量的功能用例。

要进行代码检查，①保证代码没有错误，循环中没有超出实体数量；②保证代码容错性高，每个循环都要有越界异常捕获并处理。

进行手动破坏性测试：

① 删除本地文件。例如 App 要调取本地缓存的 4 张图片，在 App 已经选择好，刚要调用的时候，切换到本地文件管理中，删除其中一个，那么 App 就会访问到一个不存在的文件，引发越界等代码报错。

② 破坏掉这个文件，那么 App 读取时会发生 IO 错误，然后进行测试。

（4）渲染不及时问题。

［直接原因］：控件生成或调用受阻会导致前端 App 代码报错。

［引起原因］：渲染过慢，操作过快，兼容性不好。

［解决办法］：让用户换手机或慢点点，重新设计避免用户连点造成的操作过快，重新设计减轻页面加载渲染负担，异步处理。

［测试方法］：对复杂、卡顿页面进行快速操作来让本不应该出现在一起的两个控件出现在一起，或用 Monkey 进行最大速度测试。

（5）权限问题。

［直接原因］：客户端未对无权限情况做处理，导致代码报错。

［引起原因］：用户访问未获取系统相关权限的功能，客户端又未对此情况进行处理。

［解决办法］：修改崩溃 Bug，设计此情况的处理机制，例如提示用户手动打开权限，或自动退出等。

　　[测试方法]：关掉 App 所有的系统权限，然后访问所有系统权限相关的页面和功能，例如相册、相机、定位、开启 WiFi、蓝牙、GPS 等。

　　(6) 第三方问题。

　　[引起原因]：第三方广告突然弹出，其他 App 分享进来和出去，各种第三方 App 的强行抢镜(如抢红包提醒)。

　　[测试方法]：在各个页面手动触发大多数 App 的或被测 App 的外接广告来测试。用其他主流 App 测试分享，或被测 App 分享出去再回来看是否已经被退出，例如突然收到其他 App 的强制提醒。

　　(7) 系统高优先级 App 问题。

　　[直接原因]：导致被测 App 突然被挂起或放置后台。

　　[引起原因]：突然来电话、收短信、闹钟、会议提醒系统原生 App 等情况。

　　[测试方法]：在各个页面功能运行前、中、后进行接电话、收短信来测试。主要测试是否会影响接电话和收短信，接电话和收短信结束后 App 是否能恢复到之前的页面，还是已经闪退被强制关闭了。

　　(8) 设备视图方向问题。

　　[直接原因]：因横竖屏切换导致 App 崩溃。

　　[解决方法]：重启 App。

　　[测试方法]：①先横屏，再打开 App；②先竖屏，再打开 App；③打开 App 后，在各种页面上功能运行前、中、后，横屏和竖屏来回切换。

　　(9) 多语言问题。

　　[直接原因]：各种语言切换导致崩溃。

　　[测试方法]：①先切换成不同的语言，再打开 App 进行各种功能用例测试；②先打开 App，再来回切换各种语言进行测试。

　　(10) 其他代码错误。

　　[直接原因]：客户端 App 代码错误。

　　[引起原因]：各种异常操作、正常操作。

　　[解决办法]：adb Shell logcat 抓日志，后台查看崩溃日志。

　　[测试方法]：执行全部测试用例即可。

　　(11) 弱网问题。

　　[直接原因]：客户端无法解析 json 返回值。

　　[引起原因]：网络差，json 串过长。

　　[解决办法]：体型用户换更快网络，客户端对此操作增加等待时间，接口返回进行异步处理，增加翻页功能。

　　[测试方法]：用抓包工具模拟弱网环境，包含丢包率、稳定性等元素，然后对接口返回值构造超长数据进行测试。

7. 你提交的 Bug 开发人员认为不是 Bug 怎样处理？

答：开发人员说不是 Bug，有两种情况，一是需求没有确定，所以我可以这么做，这个时候可以找来产品经理确认，需不需要改动，三方商量确定好后再看要不要改；二是这种情况不可能发生，所以不需要修改，这个时候，我可以先尽可能地说出判断为 Bug 的依据是什么，如果被用户发现或出了问题，会有什么不良结果。开发人员可能会出很多理由，你可以对他的解释进行反驳。如果还是不行，那么可以将这个问题提出来，跟开发经理和测试经理确认，如果要修改就改，如果不要修改就不改。如果确定是 Bug，一定要坚持自己的立场，让问题得到最后的确认。

8. App 打开的时间是 5s，你怎样推动开发修改这个问题？

答：在 Android 系统中把启动分为冷启动、热启动、温启动。三者的过程各不相同，其中以冷启动过程最为烦琐，时间消耗最长。所以市面上所说的启动优化，一般泛指冷启动的优化。逻辑异步、逻辑延迟、懒加载是启动优化的方向。

10.12 百度

1. 请说出常用的 adb 命令及含义。（5 个左右）

答：

adb devices：获取设备列表及设备状态。

adb get-state：获取设备的状态。

adb kill-server，adb start-server：结束 adb 服务，启动 adb 服务。

adb logcat：打印 Android 的系统日志。

adbBugreport：打印 dumpsys、dumpstate、logcat 的输出，也是用于分析错误（输出比较多，建议重定向到一个文件中 adb Bugreport > d:\Bugreport. log）。

adb install：安装应用，覆盖安装使用-r 选项。

adb uninstall：卸载应用，后面跟的参数是应用的包名。

adb pull：将 Android 设备上的文件或者文件夹复制到本地。

adb push：推送本地文件至 Android 设备。

adb reboot：重启 Android 设备。

adb forward：将宿主机上的某个端口重定向到设备的某个端口（adb forward tcp：1314 tcp：8888）。

adb connect：远程连接 Android 设备。

adbShell：调用的 Android 系统中的命令。

2. 请说出 Linux 基本命令。（5 个左右）

答：pwd：显示工作路径。

cd . ：返回上一级目录。

ls：查看目录中的文件。

mkdir：创建文件夹。

touch：创建文件。

cat：打印输出文件内容。

tail：从文件的尾部查看，默认显示后 10 行。

head：显示文件的头部内容，默认显示前面 10 行。

ps：查找与进程相关的 PID 号。

ps -ef：用标准格式显示进程。

ps aux：用 BSD 格式显示进程。

kill：结束进程。

top：实时显示 process 的动态。

netstat：显示网络状态。

df：显示磁盘占用情况。

3．你会用哪些抓包工具？如何打断点？（工具至少说出一个）

答：Charles、Fiddler、Wireshark。

Fiddler：设置断点、篡改和伪造数据。

修改 requests 方法：rules→automatic breakpoints→before requests。

修改 response 方法：rules→automatic breakpoints→after responses。

4．接口测试常用的测试工具有哪些？GET 请求和 POST 请求区别是什么？（工具至少说出一个，区别说出 2 个左右）

答：Postman、JMeter、SoapUI。

GET 请求：从服务器上获取数据，相对而言是安全的；在做数据查询时，建议用 GET 方式，例如商品信息接口、搜索接口、博客访客接口等。

POST 请求：向服务器传送数据，表示可能会修改服务器上资源的请求；在做数据添加、修改时，建议用 POST 方式，例如上传图片接口、登录注册接口等。

① GET 方式通过 URL 提交数据，数据在 URL 中可以看到；POST 方式，数据放置在 HTML HEADER 内提交。

② 对于 GET 方式，服务器端用 Request. QueryString 获取变量的值；对于 POST 方式，服务器端用 Request. Form 获取提交的数据。

③ GET 方式提交的数据最多只能有 1024 字节，而 POST 则没有此限制。

④ 安全性问题。使用 GET 的时候，参数会显示在地址栏上，而 POST 不会。所以，如果这些数据是中文数据而且是非敏感数据，那么使用 GET；如果用户输入的数据不是中文字符而且包含敏感数据，那么还是使用 POST 为好。

5．你是否接触过 SQL？请说出增、删、改、查的基本语法？（至少说出查询）

答：增加：insert　into <表名>（列名）values（列值）

删除：delete from <表名> [where <删除条件>]

修改：update <表名> set <列名＝更新值> [where <更新条件>]

查询：select <列名> from <表名> ［where <查询条件表达式>］

6. 请设计搜索框测试用例。（说出 10 个左右测试点）

答：

功能测试：

（1）搜索内容为空，验证系统如何处理。

（2）搜索内容为空格，查看系统如何处理。

（3）边界值验证：在允许的字符串长度内外，验证系统的处理。

（4）输入超长字符串，系统是否会截取允许的长度来检验结果。

（5）输入合法长度的字符串后，加空格验证检索结果。

（6）在多个关键字中间加入空格、逗号、Tab 验证系统的结果是否正确。

（7）验证每种合法的输入，结果是否正确。

（8）是否支持检索内容的复制、粘贴、编辑等操作。

（9）是否支持回车键搜索。

（10）多次输入相同的内容，查看系统的检索结果是否一致。

（11）特殊字符、转义字符、HTML 脚本等需要做处理。

（12）输入敏感词汇，提示用户无权限等。

（13）输入的内容是否支持快捷键操作等。

（14）只能输入允许的字符串长度等。

（15）输入链接是否正确跳转。

（16）搜索的历史记录是否显示在下面。

（17）搜索内容有没有联想功能。

（18）是否可以输入数字、英文、中文。

（19）是否可以混合输入数字、英文、中文。

（20）输入拼音也可以进行检索。

（21）语音搜索的内容是否匹配。

（22）断网时，无法搜索。

（23）进行图片搜索时可以选择拍照或从相册中选取图片。

（24）如果从相册中选取图片进行搜索，图片的大小是否有限制，最大为多少。

（25）搜索框边上有相机图片，便于图片搜索。

（26）单击清空历史记录，搜索框是否会清空历史记录。

（27）能否识别图片中的内容。

（28）单击搜索，显示搜索界面。

界面测试：

（1）查看 UI 是否显示正确，布局是否合理。

（2）是否有错别字。

（3）搜索结果显示的布局是否美观。

（4）已查看的结果链接，链接的颜色要灰化处理。

（5）结果数量庞大时，页面的分页布局是否合理。

（6）界面的颜色搭配是否合理。

安全性测试：

（1）脚本的禁用。

（2）SQL 的注入，检索 SQL SELECT 语句等。

（3）敏感内容的检索是禁止的。

（4）特殊字符的检索。

（5）被删除、加密、授权的数据不允许被查出来。

（6）是否有安全设计控制。

兼容性测试：

（1）多平台 Windows、Mac。

（2）移动平台 Android、iOS。

（3）多浏览器火狐、Chrome、IE 等。

性能测试：

（1）搜索页面的链接打开的时间。

（2）搜索出结果的消耗时间。

（3）弱网时搜索的响应时间。

（4）不同网速下搜索时的响应时间，例如 3G、4G、WiFi。

易用性：

（1）有联想功能。

（2）搜索内容与搜索结果的匹配程度。

（3）支持拍照搜索、语音搜索。

10.13　其他互联网公司面试题

1. 用一个账号框、密码框、一个提交按钮写出测试用例。

答：

功能测试（Function test）：

（1）什么都不输入，单击提交按钮，看提示信息（非空检查）。

（2）输入正确的用户名和密码，单击提交按钮，验证是否能正确登录（正常输入）。

（3）输入错误的用户名或者密码，验证登录会失败，并且提示相应的错误信息（错误校验）。

（4）登录成功后能否跳转到正确的页面（低）。

（5）用户名和密码如果太短或者太长，应该怎样处理（安全性，密码太短时是否有提示）。

(6) 用户名和密码中有特殊字符(例如空格)和其他非英文的情况(是否做了过滤)。

(7) 记住用户名的功能。

(8) 登录失败后,不能记录密码的功能。

(9) 用户名和密码前后有空格的处理。

(10) 密码是否加密显示(星号、圆点等)。

(11) 牵扯到验证码的,还要考虑文字是否扭曲过度导致辨认难度大,考虑颜色(色盲使用者),刷新或换一个按钮是否好用。

(12) 登录页面中的注册、忘记密码、退出、用另一账号登录等链接是否正确。

(13) 输入密码的时候,大写键盘开启时要有提示信息。

界面测试(UI Test):

(1) 布局是否合理,2 个测试框和一个按钮是否对齐。

(2) 测试框和按钮的长度、高度是否复合要求。

(3) 界面的设计风格是否与 UI 的设计风格统一。

(4) 界面中的文字简洁易懂,没有错别字。

性能测试(Performance test):

(1) 打开登录页面需要几秒。

(2) 输入正确的用户名和密码后,登录成功跳转到新页面,不超过 5s。

安全性测试(Security test):

(1) 登录成功后生成的 Cookie 是否是 HttpOnly(否则容易被脚本盗取)。

(2) 用户名和密码是否通过加密的方式发送给 Web 服务器。

(3) 用户名和密码应该用服务器端验证,而不能仅在客户端用 JavaScript 验证。

(4) 用户名和密码的输入框应该屏蔽 SQL 注入攻击。

(5) 用户名和密码的输入框应该禁止输入脚本(防止 XSS 攻击)。

(6) 错误登录的次数限制(防止暴力破解)。

(7) 考虑是否支持多用户在同一设备上登录。

(8) 考虑一个用户在多个设备上登录。

可用性测试(Usability test):

(1) 是否可以全用键盘操作,是否有快捷键。

(2) 输入用户名,密码后按回车键是否可以登录。

(3) 输入框能否可以用 Tab 键切换。

兼容性测试(Compatibility test):

(1) 主流的浏览器下能否正常显示 IE6～IE9、Firefox、Chrome、Safari 等。

(2) 在不同的平台上是否能正常工作,例如 Windows、Mac。

(3) 在不同移动设备上是否正常工作,例如 iPhone、Android。

(4) 在不同的分辨率下能否正常工作。

2. 你认为你发现的最严重的 Bug 是什么？是怎样解决的？

答：身份证末尾以 X 结尾的，实名认证显示成功。但是提现的时候会报错，经检查发现保存到库里面的都是小写 x，导致提现的时候不识别。

如果面试官反问：我觉得这个 Bug 很一般——请淡定，对于不同的项目可能是不同的效果，我对他深刻是因为花了一定的时间去找到这个 Bug，并且自己尝试定位到原因，所以印象深刻！

3. App 和 Web 在测试过程中有什么不同？

答：相对比 Web 测试，App 测试由于要应用在手机上，经常要考虑对很多意外的中断情况进行中断测试，包括来电中断、关机中断，以及手机出问题等意外情况。而且手机上的 App 更新也是测试的重要一环，需要考虑新旧版本和跨版本升级的影响。此外还有 App 对手机兼容性和适配性的问题，一定要考虑是否对常见的手机型号兼容和适配。总而言之，App 的测试相对于 Web 测试需要考虑更多个性化和细微的点，对于熟悉新型电子产品的我们而言也更容易测试到两者之间区分的点。

4. 你对你之前的公司有什么产出？你的团队对公司最大的贡献是什么？

答：测试人员是做质量保证的，最大的价值就是对软件质量的提升，测试人员不比开发人员，开发人员对项目的贡献比较直观。

目前比较客观地评价质量的因素一般有两个：缺陷数和用例执行情况。所以一般要量化地衡量测试人员的价值，通常可以从这两个方面加以衡量。

一个测试人员设计了多少测试用例，这些用例对需求的覆盖率如何，发现了多少缺陷，用例的缺陷发现率是多高，发现了多少个缺陷，严重程度如何等，很多公司会将这些因素作为测试人员的绩效考核要素，它们的数量也可以直接反映一个测试人员的能力和其对项目的贡献度。

5. 之前团队的人员数量是多少？

答：我们公司有 6 人的测试组。

6. 产品上线后有没有出现什么问题？是怎样解决的？

答：我们的产品上线后肯定还是出过问题的。最主要的问题还是兼容问题，对于不同机型的不同系统版本出现了闪退等严重问题，例如赶上 iOS 更新到 11 之后的苹果手机很容易出现闪退问题。当时整个团队对产品进行了长时间的跟踪调查，检查我们的包是否有问题，收集 Bug 日志查看在兼容方面到底是哪里出了差错。之后由开发人员对代码进行优化修改，我们再进行更广泛、全面的接口测试，针对发生问题的机型重点测试。最后成功修复了闪退问题并进行了更新。当然还要时刻关注用户的反馈，查看是否还有新的问题出现，不过好在后续没有太严重的问题了。

7. 你们的软件使用什么群体？使用量怎样样？

答：通常需求规格说明书上有该软件的用户群体和使用量描述。如果没有，则需要你对自己的项目有详细的了解。

电商网站通常面向广大消费者，而直播类网站通常面向直播用户等。

8. 迭代更新测试是增量的还是全量的？

答：我们公司的迭代更新测试都是全量的，这样虽然工作量相对大一点，但是后续的更新维护会更加方便和简单。具体使用哪种方法要符合公司的规定与安排，以两种方式都可以展开工作。

9. 如何确定你测试的产品已经可以上线了？

答：用例覆盖率 90%。

所用用例都至少执行一遍。

所有严重和轻微的 Bug 全部修复。

主要功能无 Bug。

10. 冒烟测试跑通主要功能，这个主要功能是怎样判定的？

答：主要功能是由用户的使用频率和使用习惯决定的，我会尝试直接与用户接触并了解他们关注的模块，这些模块也正是要测试的重点。当无法接触到大量用户时，测试人员就要根据需求、使用说明或经验来自行摸索，找出认为的主要功能，再去与产品或开发人员确认，或是请教老员工，听取他们的看法。收集大家的意见来判定主要功能并进行测试，事实证明这样确实很有效果，如何与他人交流并提取总结他们认为主要的点也是我所擅长的工作。

11. 之前团队的漏测率大概是多少？

答：之前我们公司团队的漏测率大概在 1%，但是我保证我们的漏测率肯定不会超过 2%，我对这点非常有自信，也请贵公司可以给我这个机会来证明我自己。

12. 你确定能复现的 Bug 开发人员复现不出来怎样办？

答：首先要与开发人员确认不能复现的步骤在哪里，并主动承担错误和责任，谦虚谨慎地听取开发人员的意见。之后在 Bug 报告被退回后自己排查问题，把步骤进一步精细，突出操作细节，并查看是提交时文档输入的问题还是确实是 Bug 本身的特殊性。如果是文档输入问题要修改正确后再次提交并对开发人员表示歉意；如果是 Bug 本身的特殊性问题，写上 Bug 发生的概率，委婉地向开发人员说明 Bug 并与他们一起检查，后续也要时刻保持关注，出现问题及时处理。

13. 手机抓包工具使用的哪个？要配置什么？你抓取过什么内容？

答：手机用 Fiddler 抓包。首先要保证手机和计算机处于同一个网络，配置 Fiddler 允许监听 HTTPS，勾选 allow remote computers to connect，默认监听端口为 8888，手机设置代理服务器为计算机的 IP 地址，端口号是 Fiddler 的端口号。打开手机浏览器，输入"http://ip:端口号"安装证书。

手机抓包我通常使用 Charles，我一般喜欢叫它茶杯。配置的重点在于手机和计算机需要处在同一个局域网环境下，修改计算机的端口为 8888，手机使用计算机的 IP 地址进行代理连接，还要配置计算机和手机上的证书许可，最后设置通配符来启动 HTTPS 捕捉。这些准备就绪后就可以开始抓包测试。我曾经使用茶杯抓取过汽车大全 App 的包，包中会显示 App 页面中各种参数和信息，我都可以轻松地辨认并快速地展开后续工作。

14. **请设计一个优惠券的测试用例。每人每天最多可以购买 4 张优惠券，有效期 30 天，每张优惠券首单最高优惠 14 元（可以购买二张）。**

答：

(1) 优惠券在有效期内使用。

(2) 首单优惠最多买两张票，只买一张票优惠 7 元，再次下单不享受首单优惠。

(3) 各种优惠可叠加。

(4) 首单过后再次下单不享受首单优惠，只享受折扣优惠。

(5) 每人每天最多买 4 张优惠券，分单次购买和多次购买。

(6) 购买优惠券时金额正确。

(7) 在有优惠券的情况下不能再次购买。

(8) 过期后的优惠券不能再次选取使用。

(9) 在有多张优惠券时，首单优惠在订多张票时可使用多张优惠券（订 5 张票可用 3 张优惠券）。

15. **讲一讲简历里写到的你会的这些技术？**

答：此时面试官考查的是你对自己简历的熟悉程度，这里不该出现错误。每一条写在简历中的技术都要说。

16. **如何进行日志分析？**

答：简单分析 Linux 系统日志，日志文件存放路径 /var/log/message，分析日志相关字段内容，例如发生时间、报错原因等。还可以通过脚本设置报警，一旦内容中出现相关字段，截取日志内容发送至邮箱或微信。

17. **你认为你做测试的优势在哪里？**

答：

(1) 细心和耐心。测试工作是一个相对比较乏味的工作，对于一些中小型 IT 企业来说，它没有太多的技术含量，也就没什么成就感。耐得住枯燥的工作，并能从中找到乐趣和意义，这就是测试人员最基本的素质。

(2) 发散性思维。对于测试这个职业，如果具有较为灵活的发散思维，对工作是一个比较有利的补充。但前提是这种发散思维必须以软件工程为基础，不能脱离这个圈子而过度发散。

(3) 喜欢接受新事物。不同的行业系统或软件都有其特殊的标准或是规范，这就需要测试人员平时能广泛地涉猎相关行业的业务知识，对特定行业的特殊背景或服务目标有大致的了解与熟悉，这样在接受任何一个项目的时候都能相对容易地进入测试角色。

(4) 善于积累和总结。测试这门从软件工程中独立划分出来的行业，有着举足轻重的作用，就好比医生诊断病情一样，对于医生这个行业，经验是很重要的，很多人喜欢找老中医或老西医看病，就是因为他们经验丰富。

18. **你怎样判断是前端问题还是后端问题？**

答：

(1) 检查接口，前端和后台之间是通过接口文件相互联系的，测试人员也是可以看到这个接口文件,很多人以为这不重要,那就大错特错了。因为这是区分前端和后台 Bug 的关键。

（2）情况分析。①检查请求的数据是什么,反馈的数据又是什么；②根据接口文件检查数据是否正确,如果发送的数据是正确的,但是后台反馈的数据是不符合需求的,那就是后台的问题；如果前端没有请求接口,或者请求的时候发送的数据与需求不符,那么这个时候就是前端的问题了；③结合多个端查看同样的功能是否一致,如果有出入可基本判断是前端问题。

19. 你做过接口测试吗？用什么软件？怎样做的？

答：用 Postman,需要开发提供的接口文档,包括接口说明、调用的 URL,请求方式（GET 或者 POST）、请求参数、参数类型、请求参数说明、返回结果说明。有了接口文档后就可以设计用例了,可以在列表中选择请求方式,在输入框中输入 URL,如果是 GET 请求,直接单击 send 就可以看返回结果,POST 的请求一般写在 body 里,可能是 key-value 格式,或者 json 串格式,也可能是上传一个文件。

20. 上线之前你都会做什么？

答：在上线之前实时跟踪项目发布流程,配合开发产品完成项目上线后主要功能业务的线上快速测试。如果有问题及时反馈开发产品沟通解决,在产品的推广方案、运营方案,以及技术支撑方案 3 个方面做好准备,当这 3 个环节出现任何问题时,能够按照此前做好的方案进行快速响应。

21. 上一家公司的项目接口测试有哪些功能模块？

答：具体需查阅接口文档。

22. 上一家公司的项目整个的业务流程是什么？你对业务逻辑和业务流程的熟悉程度怎么样？

答：流程是测试需求分析和文档审查 → 设计测试计划并进行同行评审 → 测试设计（用例编写,测试脚本编写,开发、测试场景的编写）并进行同行评审 → 测试执行（包括执行测试的用例、执行测试的脚本、进行测试开发、对测试场景的执行） → 发现 Bug,进行处理 → 回归测试,再次执行上述测试 → 出测试报告 → 测试验收 → 测试总结。

23. 你认为做测试最重要是什么？

答：不管做什么测试,必须要会的东西就是软件测试的理论知识,因为如果没有测试的思想作引导,那么在以后的测试生涯中,可能根本不知道该去做什么,效率也一定不会高。另外要真正会写测试用例和测试模板。为什么要用"真正"？这是因为现在网上有很多用例和模板,但是我不提倡大家抄用例,而要是自己写。因为测试的每个系统都是不一样的,又怎样能用一样的用例呢？测试模板的作用也很重要,它们可以引导测试人员更高效地进行测试,还有一点就是要有管理的思想。

24. 手机测试包括什么？多久迭代一次？

答：

安装、卸载测试：

（1）应用程序应能正确安装到设备驱动程序上。

（2）能够在安装设备驱动程序上找到应用程序的相应图标。

（3）安装路径应能指定。

（4）软件安装向导的 UI 测试。

（5）应用是否可以在 Android 不同系统版本上安装（有的系统版本过低，应用不能适配）。

（6）没有用户的允许，应用程序不能预先设定自动启动。

（7）对于需要通过网络验证之类的安装，在断网情况下尝试一下。

（8）安装时空间不足的情况下是否会导致系统崩溃。

（9）软件安装过程是否可以取消，单击"取消"后，写入的文件是否如概要设计说明处理。

（10）安装过程被中断（例如来电、短信等）后是否能够继续安装或者导致系统卡顿、崩溃。

（11）软件安装过程中意外情况的处理是否符合需求（例如死机、重启、断电）。

（12）卸载是否安全，其安装的文件是否可全部卸载。

（13）卸载用户使用过程中产生的文件或者用户保存的文件是否有提示。

（14）其修改的配置信息是否可复原。

（15）卸载是否影响其他软件的功能。

（16）卸载过程中出现意外情况的测试（例如死机、断电、重启）。

（17）系统直接卸载 UI 测试，是否有卸载状态进度条提示。

启动测试：

（1）App 安装完成后的试运行，可正常打开软件。

（2）App 打开测试，是否有加载状态进度提示。

（3）App 打开速度测试，速度是否可观。

（4）App 页面间的切换是否流畅，逻辑是否正确。

（5）启动完成后注册、运行、注销测试。

升级测试：

（1）当客户端有新版本时，是否有更新提示。

（2）软件自动升级时能否覆盖安装。

（3）下载新版本安装包是否能手动更新。

（4）当版本为非强制升级版时，用户可以取消更新，旧版本能正常使用。用户在下次启动 App 时，仍出现更新提示。

（5）当版本为强制升级版时，给出强制更新后用户没有做更新则退出客户端。下次启动 App 时，仍出现强制升级提示。

（6）能否跨版本更新，以及能否从新版本安装回旧版本。

（7）版本更新后用户数据是否保存完整，软件配置是否与旧版本一致。

(8) 升级安装过程中的意外情况测试,例如死机、关机、重启、在线升级时断网等。

(9) 升级界面 UI 测试。

UI 测试:

UI 测试主要测试用户界面(菜单、对话框、窗口等)布局、风格是否满足客户需求和产品设计要求等,测试过程一切以效果图为准。

例如一款客户群体主要是女性用户的软件,界面风格应该设计得比较漂亮,颜色可以加入一些粉色等女性喜欢的颜色。检查文字是否正确,语句是否通顺,表达是否明确,页面是否美观,文字、图片组合是否搭配合理等,还需检查手机转屏后 UI 显示是否正确等。

导航测试:

(1) 导航是否能够连接到正确的页面或者功能点。

(2) 是否易于导航,导航是否直观。

(3) 导航帮助是否准确直观。

(4) 导航与页面结构、菜单、连接页面的风格是否一致。

(5) 导航的页面切换是否流畅。

交叉事件测试(冲突测试):

(1) 弹窗提醒:在 App 运行过程中出现闹钟、低电量或者提醒事项等弹窗,此类提示会让正在运行的应用进入暂停状态,待用户响应操作完毕后才继续运行。

(2) 应用并发:当 App 正在运行时手机来电、快捷键启动相机、微信/QQ 的语音/视频聊天邀请等情景下的测试。在这种情况下 App 应暂停目前的操作,等待用户响应,其中应该尤其注重以下几种状态:应用正在播放视频、应用正在发送或接收服务器请求、应用在下载数据或升级、用户正在输入等。这些状态下容易出现一些不可预见的错误。

(3) 关机/重启:当 App 正在运行时关机或重启,不仅要测试在开机后 App 能否正常启动运行,还需注意在关机之前用户数据是否丢失。

(4) 功能冲突:最常见的就是音乐和语音的冲突,在播放音乐的时候播放语音或提示音,是否能暂停音乐播放并在语音或提示音播放完毕后继续播放音乐。

离线浏览:

(1) 在无网络情况下可以浏览本地数据。

(2) 退出 App 再开启 App 时能正常浏览。

(3) 切换到后台再切回前台可以正常浏览。

(4) 锁屏后再解屏回到应用前台可以正常浏览兼容性测试。

(5) 在服务端的数据有更新时会给予离线的相应提示。

异常测试:

(1) App 运行时内存不足是否正确提示。

(2) App 运行时系统死机、关机等。

(3) 网络不好时提交的数据是否一直处于提交中,是否有延迟,提交失败是否有提醒。

(4) 在 App 请求或接收服务器数据、播放在线视频时切换移动网络和 WiFi 网路连接。

（5）从有网到无网再到有网时，提交数据、做操作是否正常加载。

（6）2G、3G、4G、WiFi 网络下 App 响应速度。

应用的前后台切换：

（1）App 切换到后台，再回到 App，检查是否停留在上一次的操作界面。

（2）App 切换到后台，再回到 App，检查功能及应用状态是否正常。

（3）App 切换到后台，再回到前台时，注意程序是否崩溃，功能状态是否正常，尤其是从后台切换回前台数据有自动更新的时候。

（4）手机锁屏解屏后进入 App 注意是否会崩溃，功能状态大公司一周迭代一次，小公司两周迭代一次。

25．测试用例的分类有哪些？

答：平常测试时测试用例是不会分类的，只有进行冒烟测试的时候测试用例才会分为 3 个级别：高级，主要流程（例如主要功能、新增功能支付、下单、涉及需要加密的数据等，15%）；中级，细节功能和异常之类的测试案例（75%）；低级，UI 和其他需实现的功能（15%）。以上完成之后进行集成测试，上线之前进行一遍主功能测试。

26．App 测试与 Web 测试的区别是什么？

答：单纯从功能测试的层面上来讲，App 测试与 Web 测试在流程和功能测试上是没有区别的。Web 测试可以直接看到编程语言，App 与 Web 的系统架构是不相同的，Web 性能测试需检测响应时间、CPU、Memory，App 除此之外还需检测流量和用电量的情况。

27．前端和后端的区别是什么？

答：前端：我们这里所说的前端泛指 Web 前端，也就是在 Web 应用中用户可以看得见的东西，包括 Web 页面的结构、Web 的外观视觉表现以及 Web 层面的交互实现。

后端：后端更多的是与数据库进行交互以处理相应的业务逻辑。需要考虑的是如何实现功能、数据的存取、平台的稳定性与性能等。

28．视频测试用硬检还是软检？

答：两个都要用。硬检指的是长时间播放以及快速切换其他视频的时候对设备本身的内存以及耗电量都有不同程度的占用量，一般在上线之前测试视频对设备的内存耗电量。如果超过某个峰值，需要前端或者后端进行数据或者显示逻辑内部处理等进行优化。软检一般涉及与用户交互体验，保证用户体验上操作流畅、无卡顿等情况。现在机型越来越多，不仅要软检还要硬件适配，所以说两个在视频测试中必不可少。

29．怎样做一个弱网的环境测试？

答：弱网用 Charles 工具模拟网络速度，进行主要功能测试，测试中如果涉及读取数据及某个操作，网络下载及弱网的提示会不会出现崩溃或者白屏的情况。

30．你做过丢包的操作么？

答：丢包一般会对接口数据进行大规模的压测，例如 500 的并发访问量，偏离率是多少，或者重复调用这个接口 100 次会出现多少次丢包的情况。广域网中 2% 的丢包率属于正常，具体应该有个标准，多少 hop、多大的流量、物理距离是多少、时间段等。不过很难有固定的说法,因为其他影响因素太多了。如果是局域网,我觉得＞0.5％就算不正常了。

31. 丢包会有什么表现?

答:界面会出现卡顿的情况,可能就会有丢包的现象,页面会随机出现数据,有时候显示 500 或者显示 404。

32. 需求测试占多大比例?

答:70％,还有部分性能以及接口测试等。

33. 你做了一年测试,觉得和一年前比有什么进步?

答:项目流程中遇到的问题能够独立去解决,并且和开发产品能够良好的沟通以及协调好测试资源。技术上经常会分享测试技术,对数据库以及接口测试有所提升。

34. 做一个完整的项目有哪些生命周期,这些生命周期里有哪些里程碑?

答:只需按照 V 模型来作答即可,如图 10.20 所示。

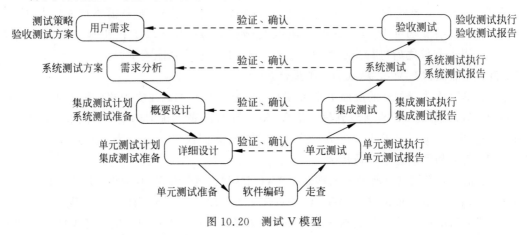

图 10.20　测试 V 模型

35. 测试用例用什么管理?

答:会存到一个指定的文件夹中。每个版本都会保存起来。

36. 你写用例需要多久?

答:一般一两天基本完成测试用例及测试计划的编写。

37. 你参与过走查和代码审查么?

答:公司的代码是保密的,偶尔部分的逻辑需要跟研发沟通。

38. 测试用例写完了,发布时间也已经定了,你已经做了一半了,开发却把需求改了,该怎样办? 之前用例是怎样处理的?

答:在我们公司也会出现这种情况,不过更多的时候先和开发确认好研发交付时间点。测试一般会在开发已经完成的模块上进行单元测试,保证自己的单元测试模块,为后面节省时间。另外还要看需求量的多少,如果需求不大,我们会提高自己的工作效率加班把进度赶上。加班量大的时候跟领导沟通,提前进入测试,给后面留下集成测试时间,交付之前多走查防止漏测。

39. 假如你们的软件所使用的定位地图更改了,你会怎样考虑测试点? 这个时候你们的软件和地图软件都需要更改吗?

答:

(1)更改后是否与之前地图有冲突,例如重叠或者名称重复。

(2)重新搜索这个地图所在的新位置是否能够搜索到。

(3)搜索老的地图是否与新的地图是同一个位置。

软件不需要更改,后端数据需要更改,因为前端负责展示,后端负责上传具体展示什么数据信息,还要考虑到新老数据的接口传值。

40. 你们的软件有用户之间互动的模块么?

答:有论坛、互动问答等,基本都是热心解决问题的网友。

是所有用户都可以提问么?

答:都可以,这样可以保证论坛的活跃性,但是提问的内容以及用户的状态都有限制,例如是否有敏感词汇及用户是否被禁止发帖等状态。

你们问答有审核的用例么?

答:有,涉及后台审核,审核不同的状态与前端的交互测试。

问答发布后会立刻显示么?

答:不会,后台会智能地过滤掉一部分内容,然后再显示,后端运营人员看到了也会进行部分的审核。

是怎样审核的?

答:审核失败、成功,以及禁言用户。审核后会进行联动测试看一下前端是否能够进行发帖、回复等操作。因为会返回不同的帖子状态,当有用户看帖子的时候,帖子审核失败,要有这种容错提示。

41. 如果安卓 6.0 不给软件存储权限,要下载视频怎么办?

答:出现没有权限的提示,并且有去设置的快捷按钮和取消按钮。

你针对不同型号的手机测试过么?

答:需要看具体的型号,还要看这个型号在我们软件的占有量。

苹果手机,通过后台可以看到我们的 App 占有量最多的是 iPhone 6plus、iPhone 11 的系统,我们一般会用这个机型进行整体的集成测试,然后对高、中、低档的手机进行适配测试。保证不同机型的覆盖量。

(这是一个坑,千万别说做过,因为面试官会继续问你们都做过什么型号? 有什么区别? 你们推荐系统怎样来的? 只做这些么?)

42. 你们的弹幕用什么框架?

答:融云之前用 mqtp 的框架,后来替换成融云的框架了。

43. 有一个问题用户大批量反馈,但你们拿到用户型号手机在用户相同的环境下就是无法复现,该怎么办?

答:对出现该问题的用户的手机型号进行记录,然后进行大量的模拟测试并且获取当时的日志。条件允许的情况下,让用户录制一个视频我们这边跟踪。线上有个叫腾讯优测的平台可真机远程模拟,争取复现出来。这个问题肯定能够复现,如果还未能复现可能是复现的机型不够。

44. 丢帧是机器问题么?

答:在弱网环境时需要到网络好的情况去看一下,或者用云真机远程看一下是否有这个问题再针对机型进行优化。

45. 打包是你们自己打包还是开发打包?

答:开发打包,代码权限没给我们开。

46. 设计视频下载到本地的测试用例。

答:首先查看 UI 设计用例,把不同的功能进行分块设计。重点在于下载功能测试,需要测试下载上限、视频解析度和格式、保存位置、视频完整度等。然后测试网络状况对下载的影响,断网后是否可以断点下载,没有网络时下载完的文件能否播放,下载记录能否正确记录。同时还要考虑异常情况的设计,关机重启后下载会如何进行,视频下载中被删除下载如何进行,手机内存已满下载如何进行等问题。测试用例设计的核心在于对测试点边界值的测试,所以对视频下载到本地这个功能基于这个思路去设计,思考各式情况去覆盖所有的测试点。

47. 怎样使用 Charles?

答:将移动设备连接到 Charles 客户端。在计算机中输入 cmd 打开命令行窗口,输入 ipconfig 查看本机连接无线网络的 IP 地址,将这个地址作为移动设备连接 Charles 客户端的代理地址,移动设备必须要和计算机在同一网络中才能连接上。打开 Charles 客户端,单击 Proxy→Proxy Settings 菜单,设置移动设备连接到 Charles 的端口,这样移动设备代理配置需要的 IP 地址和端口号都有了。Charles 是通过将自己设置成代理服务器来完成抓包的,勾选系统代理后,本地系统(如果通过浏览器发送请求)发送的请求都会被截取下来。因此,如果想只抓取手机 App 发送的请求,可以不勾选 Windows Proxy 选项,这样在测试时就不会被本机 HTTP 请求所干扰了。

48. Charles 是用来干什么的?

答:Charles 是抓包工具,把该工具设置为计算机或者浏览器的代理服务器,可截取请求数据和响应数据流,达到抓包的目的。

49. 为什么想做测试?

答:测试人员是第一批接触产品的人,是代表用户使用和反馈产品问题的人,一个产品若最后通不过测试这一关是无法上线的。接触开发越多,会对测试的重要性有越深的体会。熟知开发流程,知道 Bug 最有可能出现在哪里,在分析 Bug 产生因素时有很清晰的流程,可以很好地和开发交流,结合测试需求快速地开发适合的测试工具,实现自动化测试。当交付给客户的产品出现性能问题,功能需求无响应问题,质量问题的时候,你不得不重新返工,不得不遭受用户的质疑,造成用户的流失,公司的损失巨大。可以用金钱弥补的损失就不算是大损失,但让用户体验差、失去用户、失去用户的信任才是最大的损失,一旦失去用户很难在将来把用户再召集回来。

50．你能不能独立写测试用例？

答：能，恰巧我现在也准备了一份项目的测试用例（面试前准备好，打印出来）。

51．你写测试用例用到的方法有哪些？

答：等价类划分法用到得最多，边界值法和错误推断法会用到一些，随机测试法偶尔用到。

52．视频播放中容易漏测，难测的点有哪些？

答：

（1）功能测试。

视频资源可以正常获取，不管是服务器返回还是后台添加等；

视频的封面图、页面 UI 等正常；

若一个视频中涉及上一个视频、下一个视频时单击后都能正常切换到相应的视频，且视频正常播放；

音量大小（例如静音模式下播放时无声音）；

视频最大化、最小化（例如切换到最大化时视频全屏播放）；

播放列表的播放顺序，单循环、多循环、顺序播放、随机播放（还需要考虑视频若是后台上传的，在后台将某视频进行增加、删除、修改操作，验证视频播放是否正常）。

（2）其他逻辑。

单击视频时，视频正常播放；再次单击时暂停播放资源；

播放视频时应用切换到后台：视频切换到后台后暂停播放，再次进入应用视频为暂停状态；

播放时杀掉程序进程：视频播放结束，不保留观看进度，再次进入到该视频，从头播放；

播放视频 A 时切换到视频列表下的视频 B：播放视频 B；从进度 B 开始播放；

播放视频 A 时切换到其他项目下的视频 C：播放视频 C；再次切换到视频 A 时从头播；

播放时上下滚动页面：视频播放器位置恒定，滚动不影响播放。

（3）兼容性测试。

平台兼容性：Android、iOS；

系统兼容性：Android4.4～8.0；iOS8.0～12；谨记低版本的机型问题还是挺多的，例如 iOS8 系统播放器问题较多，测试时要引起注意；

播放器是否与其他类型播放器兼容（需要考虑播放过程中是否和音频等冲突）。

（4）网络测试。

网络切换测试：WiFi→移动网、移动网→WiFi、WiFi→无网、无网→WiFi、无网→移动网；

弱网测试：弱网情况下视频播放是否有卡顿、黑屏、闪退等情况；

进入无网状态时是否有提示信息；

移动网络下进行播放是否有非 WiFi 弹框提示；

播放过程中断网时，播放完已加载的部分后停止播放且有相应提示；

播放过程中切换网络时有相应提示。

（5）踩过的坑。

Android7.1.2 版本切换 4G 网络查看视频时出现黑屏、卡死、崩溃等情况。

异常测试：

半屏/全屏切换测试；

单击视频右下角"全屏"按钮，全屏横屏播放视频；

单击"收起"按钮，全屏收起回到当前页半屏播放；

两者切换播放回到当前页面时，页面展示正常（iOS 项目曾出现页面导航错乱的问题）；

横竖屏切换测试；

旋转模式打开后，验证页面及视频播放是否正常；

横屏模式下播放完视频，自动切换回竖屏模式。

（6）视频中断测试。

播放中快进/后退进度，能正常播放本地资源，快进不卡顿、无延迟；

播放中切换到后台，视频暂停播放，再次进入视频为暂停状态；

视频播放时杀掉进程，则视频播放结束（是否保留观看进度具体看产品需求）。

（7）视频易用性测试。

界面是否方便、整洁，例如视频封面图、片头、片尾、视频图像等；

快捷键是否正确；

菜单是否正确；

图像是否清楚，在标清、高清、超清等模式下切换时视频播放正常，无卡顿、黑屏、闪退等问题，在切换过程中是否有加载提示；

拖曳滚动条（拖、曳功能用起来是否友好）；

是否具备播放记忆功能，即播放进度是否有记录；

能否自动保存以前的播放列表。

53. 打开百度，输入"北京"，根据测试方法，这些测试点如何测试，具体怎样测？

答：在切换过程中是否有 Loading 的提示；拖曳滚动条用起来是否友好；是否具备播放记忆功能；能否自动保存以前的播放列表。

54. 你对安卓手机的了解有哪些。你做手机适配吗？怎样适配？

答：排名前 10 的机型、UI 和主功能。做过手机适配，根据手机品牌、操作系统以及型号来选择排名前 10 名的机型进行手机适配（数据的来源可以参考友盟指数）。

55. 你认为你从之前公司离职换最后的工作学到的是什么？

答：

接人待物：突出个人素质——团队合作、对人友善真诚；

了解公司：突出公司客户——公司经营、企业文化、企业主要客户与业务等；

岗位技能：突出好学上进——岗位操作、技能掌握等。

56. 针对 App 的安装功能写出测试点。

答：

（1）正常安装测试，检查是否安装成功。

（2）App 版本覆盖测试。

先安装一个 1.0 版本的 App，再安装一个高版本（1.1 版本）的 App，检查是否被覆盖。

（3）回退版本测试。

先装一个 2.0 版本的 App，再安装一个 1.0 版本的 App，正常情况下版本是可以回退的。

（4）安装时内存不足，弹出提示。

（5）根据安装手册操作，检查是否正确安装。

（6）检查安装过程中可能出现的意外情况，例如强行断电、断网、来电话、查看信息等。

（7）通过同步软件，检查安装时是否同步安装了一些文件。

（8）在不同型号、系统、屏幕大小、分辨率的手机上进行安装。

（9）安装时是否识别有 SD 卡，并默认安装到 SD 卡中。

（10）安装完成后，能否正常启动应用程序。

（11）安装完成后，重启手机能否正常启动应用程序。

（12）安装完成后，是否对其他应用程序造成影响。

（13）安装完成后，能否添加快捷方式。

（14）安装完成后，杀毒软件是否会把其当作病毒处理。

（15）多进程进行安装，是否安装成功。

（16）在安装过程中，所有的提示信息必须是英文或者中文，提示信息中不能出现代码、符号、乱码等。

（17）安装之后，是否自动启动程序。

（18）是否支持第三方安装。

（19）在安装中单击"取消"按钮，是否取消安装。

57. 一个登录注册框有哪些测试点？

答：超时是否有提示信息：

（1）信息正确，单击"注册"按钮，是否成功注册。

（2）单个字段错误，单击"注册"按钮，是否成功注册。

（3）多个字段错误，单击"注册"按钮，是否成功注册。

（4）重复注册，是否成功注册。

（5）信息缺失，是否成功注册。

重置：

（1）单个字段填写重置。

（2）多个字段填写的重置。

（3）单击"重置"按钮是否可重置登录页面。

用户名：

（1）输入注册成功的用户名。

（2）在注册成功的用户名前加空格。

（3）在注册成功的用户名后加空格。

（4）在注册成功的用户名中间加空格。

（5）复制、粘贴注册成功的用户名。

（6）复制、粘贴未注册成功的用户名。

（7）用户名、密码都正确是否能正常登录。

（8）用户名为空。

（9）输入未注册的用户名。

（10）特殊字符、中文、组合。

（11）提示信息：正确的密码、错误的密码。

（12）在密码前、后、中间加空格。

（13）提示信息：中文、特殊字符、数字。

58．如果你是测试主管，给你一个需求，你认为有哪些需要注意的地方？例如人员、时间的安排。

答：重要的模块重点安排人员，时间安排尽量打出提前量。

59．有 100 个球，2 个人每人只能拿 1～5 个，怎样保证你能拿到最后一个？

答：本题属于典型的不会输的游戏，即如果所给的数除以 6 有余数，先拿余数，再与对方拿的个数和是 6，即可获胜；如果没有余数，就让对方先拿，自己再拿时与对方拿的个数和是 6，自己一定获胜。倒推，要保证拿到第 100 个球，必须先拿到 $100-6=94$（个），又必须先拿到 $94-6=88$（个）……$100\div6=16……4$ 所以，必须先抢到第四个。

60．测试结束的标准是什么？

答：规定用于暂停全部或部分与本计划有关的测试项的测试活动的标准。规定当测试再启动时必须重复的测试活动。

（1）软件系统在进行系统测试过程中，发现一、二级缺陷数目达到项目质量管理目标要求，测试暂停返回开发。

（2）软件项目在其开发生命周期内出现重大估算和进度偏差，需暂停或终止时，测试应随之暂停或终止，并备份暂停或终止点数据。

（3）如有新的需求变更过大，测试活动应暂停，待原测试计划和测试用例修改后，再重新执行测试。

（4）若开发暂停，则相应测试也应暂停，并备份暂停点数据。

（5）所有功能和性能测试用例 100% 执行完成。

61．一个好的测试用例有哪些特点？

答：有以下几个特点：需求覆盖率达到百分百；复用率较高，可以做回归测试；能够准确地描述测试的步骤，让用例复现；自己写的测试用例其他人也能看懂。

62. 如何全面测试一款产品，请以手机短信功能为例来辅助说明，前提是手机自带的短信功能，并非微信、QQ 这种软件。

答：收短信、发短信、短信列表、短信存贮、发送记录、同步功能。

63. 第三方反馈来一个质量相关的问题，应该怎样处理？不能本地复现怎样办？如何判断是否应投入资源跟进？总结如何避免此类问题再次发生？

答：先确定是否是质量问题，了解问题的出现情况，是否成本过高和复现步骤，以及操作环境、远程连接。

64. 你手中的笔有多少用途，请发挥你的想象力？

答：写字、画画、当格尺画横线用、雕刻或多个拼接做工艺品、礼物、敲击发出声音、当玩具在手里转、给盆栽植物做固定、给捕鸟笼做撑子、做飞镖、玩笔仙、用颜色区分、化妆、可以当商品出售、可以穿墙挂衣服、两个桌子中间挂东西、燃烧做燃料、可以当手触不到的时候借助笔触碰、可以当杠杆撬东西、可以当书签、可以当转盘指针、可以搭积木、可以放在物体下滚动物体、可以取一小块垫在不平整处、卖废品、做日晷、可以拆快递。

65. 请使用一种你熟悉的开发语言，写出冒泡排序代码。

答：

（1）使用 Python 语言写冒泡排序。

```
def bubble_sort(nums):
    for i in range(len(nums) - 1): # 这个循环负责设置冒泡排序进行的次数，例如 n 个数，则只
要进行 n-1 次冒泡，就可以把 n 个数排序好
        for j in range(len(nums) - i - 1):
"""
```

这里的 j 控制每一次具体的冒泡过程，第一次冒泡需要冒几次，也就是说需要比较几次。假如有 3 个数，只需要两次冒泡就可以了，下一次冒泡时，最后一个已经是有序的了，所以少冒泡一次，因此 j 每次都会减去 i 的值，即不用冒"无用之泡泡"。

```
"""
        if nums[j] > nums[j + 1]:
            nums[j], nums[j + 1] = nums[j + 1], nums[j]

return nums
```

（2）使用 Java 语言写冒泡排序。

```
public static void bobbleSort(int arr[]){
    for (int i = 0;i < arr.length;i++){
        for (int j = 0;j < arr.length - i - 1;j++){
            if (arr[j] > arr[j + 1]){
```

```
                        int tmp = arr[j];
                        arr[j + 1] = arr[j];
                        arr[j] = tmp }}}}
```

66. 判断字符串回文,回文序列指的是正序和反序都相同的字符串。"A","BAB"实现一个函数,判断输入的字符串是否为回文,并写出测试用例,如果有可能请使用你最熟悉的语言实现这个函数。

答:

```
import Java.util.Scanner;
public class TestP{
public static void main(String[] args){
Scanner sc = new Scanner(System.in);
System.out.println("请输入字符串");
String s = sc.next();
char[] ch = s.toCharArray();
for(int i = 0;i < ch.length;i++){
if(i == ch.length - 1){
    System.out.println("是回文字符串");
    }else if(ch[i] == ch[ch.length - i - 1]){
    continue;
}else{
    System.out.println("不是回文字符串");
    break;
    }
    }
}
    }
```

67. 请写出数据表增、删、改、查的语法。

答:

```
insert into 表名[(列名 1,列名 2...)] values(列 1 数据,列 2 数据...);    //增加数据
update 表名 set 列名 = 列值,列 2 名 = 列 2 值...where 选择条件           //修改数据
alter table 表名 add 列名 数据类型;                                      //修改字段
select * from 表                                                         //查询数据
delete                                                                   //删除数据
```

68. 直播的测试要点有哪些?

答:

(1) 功能测试来有以下两方面。

启动:桌面图标正常启动,最近运行程序启动。全新安装,初始化或权限弹窗信息校验。

权限：话筒/摄像头权限被安全软件阻止，应用是否能正常运转。

（2）第三方请求限制禁止时，禁止后是否影响正常流程。

主播推流：正常实时预览直播、开关美颜功能、开关静音、前后置摄像头切换、画面自动聚横屏直播。

观众播放：正常播放主播直播画面、直播效果（美颜效果、流程度、延时）、视频直播音话筒、横屏播放、播放器的兼容性。

中断操作：切屏、切换后台、Loading back、摄像头切换、Home 键、锁屏、音量组合操作、电话接入、QQ/微信视频电话接入、低电量提醒、闹铃提醒、异常结束进程。

网络切换：WiFi→4G、4G→WiFi、WiFi→飞行、网络好→网络差、网络差→恢复网络、短暂断网或恢复网络、每个网络请求是否做超时处理。

性能测试：CPU 内存、耗电量、发热情况、丢包延时。

稳定性测试：长时间推流直播稳定性、频繁重复推流、频繁重复进入直播间。

竞品测试：美颜的效果、画面清晰度、业务场景实现、性能对比、服务指标对比。

69．软件的生命周期（prdctrm）是什么？

答：计划阶段（Planning）→需求分析（Requirement）→设计阶段（Design）→编码（Coding）→测试（Testing）→运行与维护（Running maintrnacne）。

70．你怎样查看日志？

答：用 xShell 系统查找，开发给我们一个账户和密码，输入 cd 加上路径进入系统，进入后用 ls -l 查看一下日志的文件名。输入 tail -nf 日志文件名（n 是行数，一般写 20 行）就可以监控这个日志了。查看 error 的上下几行，截图发送给开发。

71．怎样搭建测试环境？

答：在工作中只要确认环境可以运行即可，搭建一般都是有开发和运维集成的。有可能一段时间不用会导致某个服务没开启，测试人员需要把它开启，至少保证环境可以运转，功能没有问题。我自己可以搭建一些质量管理工具，一般分为服务器端和客户端。我自学 LR 的时候安装了 LR11 版本，还有 JMeter 的环境搭建，需要在 Java 的环境下安装。

72．禅道怎样使用？

答：禅道一般有问题描述，问题属于哪个模块，处于哪个阶段，是测试阶段还是分析阶段。

73．你测试的项目没有 Bug 怎么办？

答：我们的测试案例都是经过审核的，可达到完全覆盖主要测试点，项目是由开发决定的，不同的人有不同的要求，有的开发自我要求很严格，所以是有这种可能性的。

74．需要升级环境怎样办（有新功能的时候）？

答：一般开发会通知我需要升级，有一个工具叫 synevgy，开发给我一个他打包好的gar 文件，我上传指定目录就行了。

75．浏览器兼容性怎样测试？

答：检查安装的各个插件可不可以运行，排版布局是不是正确。

76. 怎样确定这个就是 Bug？

答：截图、查数据库、看日志不能达到预计的需求条件。

77. 对身份证怎样效验？

答：进行最基本的校验，首先身份证必须是 18 位，然后效验数字、英文、汉字、空格、特殊字符、17 位、19 位等，并且身份证是必录项，还要测试空值有没有提示，并且输入进去必要时要查看数据库是否有这个数据。

78. 测试报告怎样写？

答：测试报告要经过 3 人以上审核。里面包括需求、环境(有几台服务器，服务器有几个系统，系统的版本是什么，数据库的版本是什么)、测试目标、测试案例的覆盖率、测试内容、测试数据的来源、测试策略(采用什么方法进行的测试)、测试结果、测试问题(对 Bug 数、Bug 类型、Bug 状态、解决意见，进行系统的划分，例如界面不好看、功能未完善)、风险评估(没有进行性能测试，无法报告大数据同时使用的结果)、差异性(测试和线上环境的不同)、附录。

79. 测试日报的内容有哪些？

答：标题、今日内容(项目的总案例个数，执行了多少个，未执行的有多少个)、发现 Bug 数(分类个数)、遇到的问题(阻碍测试进程的问题，是否需要领导协调)、明日计划。

80. 介绍 LoadRunner 的使用流程。

答：分为三步：首先用 vugen 录制脚本，一般 Web 服务器用 HTTP 协议，然后调试脚本，例如想测试某个系统的响应时间，就要添加事物点，分析结果里就可以看到这个事物的响应时间，也可以插入集合点，使多个用户并发进行同一个操作；其次测试并发能力，可以进行参数化设置，也可以变更参数化，然后进行设置场景、选择脚本、设置用户数、设置等待时间等多用户的并发测试；最后分析结果，查看线程图、事物响应时间、吞吐量等。

81. 金额怎样测？

答：首先查看新需求有没有要求有小数点保留，有没有符号显示是人民币还是美元，测试卡内余额、卡的限额、卡号字符的限制；其次查看它的兼容性，是否能在 360、百度、搜狗上输入，在计算机端和手机端是否都可以输入。

82. 你用什么 Bug 管理工具？上线具体达到什么标准？

答：我们常用的是禅道 Bug 管理工具；上线需要达到需求覆盖率达到 100%。

禅道功能列表：

(1) 产品管理：包括产品、需求、计划、发布、路线图等功能。

(2) 项目管理：包括项目、任务、团队、Build、燃尽图等功能。

(3) 质量管理：包括 Bug、测试用例、测试任务、测试结果等功能。

(4) 文档管理：包括产品文档库、项目文档库、自定义文档库等功能。

(5) 事务管理：包括 Todo 管理，我的任务、我的 Bug、我的需求、我的项目等个人事务管理功能。

(6) 组织管理：包括部门、用户、分组、权限等功能。

（7）统计功能：丰富的统计表。

（8）搜索功能：强大的搜索可帮助找到相应的数据。

（9）灵活的扩展机制，几乎可以对禅道的任何地方进行扩展。

（10）强大的 api 机制，方便与其他系统集成。

禅道的优点：

（1）禅道有开源免费版，从下载到使用不需任何费用。开源的软件更能够根据企业自身需求在源码的基础上进行修改，让国内外众多企业节省项目管理成本。

（2）禅道的功能非常完备，具有可扩展性，且代码开放可做二次开发。

（3）禅道的专业版价格实惠，售后服务方式选择多且有官方技术服务的保障。

禅道的缺点：

（1）禅道的界面设计稍稍逊色，不够简洁，颜色使用也比较单一，不够丰富。

（2）虽然禅道有新手入门操作演示，但部分新人上手还是会存在一些问题。

83. 手机 App 测试测试点有哪些？

答：主要测试点在界面设计适配、兼容性、安装和卸载、功能测试、用户体验、弱网、性能。

界面设计：是否美观，是否适合大众的习惯。

适配：选择主流的手机版本进行测试，一般选市面上比较火的，可以去友盟指数上查，测试 App 是否适合所有手机类型。

兼容性：主要测试新旧版本更新 App 能不能使用，不同机型能不能使用这个 App。最主要就是服务先上，App 后更新，App 的更新必须有后台支撑，例如测试新服务能不能使用这个旧版本。

安装和卸载：测试 App 能不能卸载和自动更新，自动更新分为强制更新和选择更新。强制更新提示框不能关闭，只能选择更新；选择更新提示你 App 需要更新，并简单介绍更新的好处。

84. 给你一个软件，你测试了一个月都没有发现 Bug，这说明什么？你怎样办？

答：

（1）说明软件已经没有 Bug 了。严格说应该是软件中残留的 Bug 已经很少了且隐藏得比较深，尤其是一个经过大量使用的成熟软件，但新软件很少会遇到测试了一个月都没有发现 Bug 的情况。

（2）说明测试用例设计得太少或不够好，需要补充新的测试用例，尤其需要补充一些覆盖无效等价类的测试用例。

（3）测试人员需要突破思维定式，打破常规。通常测试人员和程序员合作一段时间后更容易发现程序员容易犯的错误，但随着程序员对这些常见错误的总结逐渐成熟，在写代码的时候根据以前多次修改 Bug 的经验，已经在自觉地规避可能出现错误的代码写法，写出的代码更规范、更可靠。若测试人员还按照惯性思维去测试，当然就不太容易再发现 Bug 了。这时候测试人员应该多和别的测试人员交流，不断学习新的测试技术和方法，积极的实践。

85．根据项目如何定位 Bug？

答：首要保存 Bug 产生的记录，保证可以复现，然后排除常见的低级问题。为什么要保存记录？因为如果以后不能复现，那么就不能证明 Bug 的存在。常见的低级问题例如 hosts 不对，网络不通，以及操作姿势不正确等。

还有一类问题就是数据问题，我们有时候会遇到服务端报 500 错误，查看日志后报空指针，那么很有可能是数据库中关联表的数据被人为删除导致的。所以发现 Bug 先别慌，冷静一下，先确认问题再去找原因。直接查看页面呈现：当程序出现 Bug 的时候，立刻停止正在做的任何操作，不要按任何键，仔细地看一下屏幕，注意那些不正常的地方，记住它们或者写下来。查看状态码：4xx 状态码一般表示客户端问题（当然也有可能是服务器端配置问题）。

发生了 401 要查看是否带了正确的身份验证信息；发生了 403 要查看是否有权限访问；发生了 404 要查看对应的 URL 是否真实存在。

发生了 500 错误，通常表示服务器端出现问题，这个时候要配合服务器 log 进行定位；发生了 502 错误则可能是服务器挂了导致的问题；发生 503 错误可能是由于网络过载导致的问题；发生 504 错误则可能是程序执行时间过长导致超时。查看服务器日志：如果发生 5xx 问题，或者需要检查后端接口执行的 SQL 是否正确，最常见的排查方法就是去看服务器日志例如 Tomcat 日志。开发人员一般会打出关键信息和报错信息，从而找到问题所在，所以测试人员也要养成看日志的习惯。查看需求文档：有时候前端和服务端的交互都正确，但是从测试的角度看不合理，这个时候我们应该翻阅需求文档。如果和需求文档不符，那么就要看一下改什么比较合理，是改前端，还是改服务端，或者两者都要改。这里有一个原则，就是前端尽可能少地去承担逻辑，只负责渲染展现。要查看接口给另一个接口发的请求是否正确，可以让开发打印出完整的请求 log，还有一些逻辑开关、修改页面数据条数等，都属于可测性支持的范畴。检查一下配置很多时候，Bug 如果不是代码的问题，那么可能是 Tomcat 配置、nginx 配置、jdbc 配置等的问题。在这个层面上，测试人员最好能够了解它们的各项配置，这样在发现问题后就会想到可能是这方面的问题。

86．请写出几种你所了解的 iOS App 证书类型，并简述其区别。

答：

（1）iOS 开发证书用于测试 App，在开发过程中安装到苹果手机真机测试 App 的运行情况。

（2）iOS 发布证书：当 App 开发测试好后上线就需要用到 iOS 发布证书，用 iOS 发布证书打包的 ipa 才能上传到 App Store 审核。

（3）iOS 推送证书是用于推送通知的，平时我们在手机的系统栏下拉看到的那些消息就是推送通知，如果要做这个功能就需要配置推送证书。

87．你适配过哪些安卓版本？SDK（API）的版本是多少？

答：如表 10.3 所示。

表 10.3　安卓版本 SDK（API）

Android 版本名称 （Code name）	Android 版本	版本发布时间	对应的 API
Marshmallow（Android M）	6	2015 年 5 月 28 日	API level 23
Nougat（Android N）	7	2016 年 5 月 18 日	API level 24
Nougat（Android N）	7.1	2016 年 12 月	API level 25
Oreo（Android O）	8	2017 年 8 月 22 日	API level 26
Oreo（Android O）	8.1	2017 年 12 月 5 日	API level 27
Pie（Android P）	9	2018 年 8 月 7 日	API level 28

88. 给你两根粗细不均匀的蜡烛，燃烧完毕需要 1h，只借助这个蜡烛怎样测试 30min 和 45min？

答：将一根蜡烛两头都点上，另一根只点一头。两头都点的蜡烛烧完需 30min，另一根蜡烛只烧到一半。立即点燃没烧完的这根蜡烛的另一头，烧完后正好 45min。

89. 描述一个 Bug 的完整格式。

答：项目：选择对应项目。

问题类型：缺陷导致产品无法正常运行的故障，改进对现有产品功能和性能提出意见，新需求对产品提出新功能需求任务，需要完成的任务。

主题：格式【测试/预发布环境/正式环境→功能模块→具体页面→概括描述问题（尽量言简意赅）】。

优先级：问题的优先级表示其重要性，以下列示出当前的优先级别。紧急情况导致产品无法正常运行或需要优先处理的任务、重要系统崩溃、丢失数据或内存溢出等严重错误；一般性错误次要，例如程序功能出现错误但可通过其他手段解决，无关紧要不影响程序运行的错误，如拼写错误等。

模块：有些项目划分具体模块。

影响版本：迭代的版本号（例如 App 项目中 v3.0）。

修复版本：标识此问题需要在哪个版本修复。

经办人：表示此处需要修复此 Bug 的研发人员。

环境：测试/预发布环境/正式环境和设备信息（浏览器、版本、手机型号、系统版本）。

描述：

（1）步骤描述。

（2）预期结果：表示此操作步骤期望展示的结果。

（3）实际结果：表示此操作步骤实际出现的结果。

（4）备注：接口链接等。

附件：截图、崩溃日志等。

90. 微信发消息的测试点有哪些？

答：

（1）发送内容（空白、正常文字、超长文字、以前曾经引起过崩溃的特殊内容、特殊字符、表情、图片、多媒体、红包、语音等)。

(2) 发送对象(普通用户、公众号、群、其他特殊主体)。

(3) 衍生功能(转发、语音转文字、删除等)。

非功能点:

(1) 网络(弱网、断网)。

(2) 设备条件(可用空间不足、资源不足导致卡死、内存不足可能被杀掉)。

(3) 安全(各种注入、发送特殊可执行代码、发送包含可执行代码的图片等)。

(4) 版本兼容(线上可用的最低版本到最高版本间传输)。

(5) 设备兼容(各种自定义键盘、小屏幕等)。

(6) 聊天过程中切换到 home、锁屏、killApp、账号抢登。账号切换以及再切换回原账号,历史消息是否正常显示。

(7) 长按文字是否显示编辑状态,能否批量转发,批量删除等。

91. 内存、缓存、数据库有什么区别?

答:

(1) 寄存器是中央处理器内的组成部分。寄存器是有限存储容量的高速存储部件,可用来暂存指令、数据和位址。在中央处理器的控制部件中,包含的寄存器有指令寄存器(IR)和程序计数器(PC)。在中央处理器的算术及逻辑部件中,包含的寄存器有累加器(ACC)。

(2) 内存包含的范围非常广,一般分为只读存储器(ROM)、随机存储器(RAM)和高速缓存存储器(Cache)。

(3) 寄存器是 CPU 内部的元件,寄存器拥有非常高的读写速度,所以寄存器之间的数据传送非常快。

(4) Cache 即高速缓冲存储器,是位于 CPU 与主内存间的一种容量较小但速度很高的存储器。由于 CPU 的速度远高于主内存,CPU 直接从内存中存取数据要等待一定时间周期,Cache 中保存着 CPU 刚用过或循环使用的一部分数据,当 CPU 再次使用该部分数据时可从 Cache 中直接调用,这样就减少了 CPU 的等待时间,提高了系统的效率。Cache 又分为一级 Cache(L1 Cache)和二级 Cache(L2 Cache),L1 Cache 集成在 CPU 内部,L2 Cache 早期一般是焊在主板上,现在也都集成在 CPU 内部,常见的容量有 256KB 或 512KB L2 Cache。

92. 旧版本的微信只能发文字,新版本可以发图片了,请设计测试案例。

答:

(1) 旧版本发文字　　　新版本查看

(2) 新版本发文字　　　旧版本查看

(3) 新版本发图片　　　旧版本查看

(4) 新版本发图文　　　旧版本查看

(5) 新版本发多个图片　旧版本查看

（6）新版本删除图片　　旧版本查看

93．怎样测试一个购物车的功能模块？

答：

（1）打开页面后查看页面的布局是否合理，显示是否完整。

（2）鼠标浮动在购物车按钮上，迷你购物车界面显示是否正常。

（3）不同卖家的商品在不同的列表区域显示，区分明显。

（4）页面的工具提示能正常显示。

（5）所有页面链接功能正常，可以单击切换到正确页面。

（6）页面关联本地软件阿里旺旺的图标，单击后能打开软件。

（7）从商品信息页面添加的商品能显示在购物车中。

（8）购物车页面打开的同时，在其他页面添加了商品，购物车页面刷新后，新的商品能显示。

（9）若未登录，单击购物车则提示用户输入用户名和密码，或者提示其他的非注册用户购物方式。

（10）商品未勾选的状态下，结算按钮是灰色无法单击的。

（11）勾选商品后，会显示已选商品的总价，结算按钮变高亮可单击。

（12）勾选商品，单击"结算"按钮后，进入确认订单信息页面。

（13）购物车页面中，可以对添加的商品信息做信息的修改，并自动保存。

（14）卖家在线的时候，旺旺图标高亮，反之呈灰色。

（15）购物车有商品降价或者库存告急的，单击对应的标签，降价或者告急商品会归类后显示。

（16）购物车能添加的商品种类是有数量上限的。

（17）不要的商品可以删除。

（18）打开购物车页面要多久。

（19）在不同浏览器上测试功能是否正常。

94．一个日志文件过大，如何处理以获取日志的内容？

答：使用 split 命令把文件进行拆分、head 和 tail 命令查看部分内容、grep 命令进行过滤。

95．Android 手机与计算机连接，连接不成功的原因都有哪些？

答：手机是否打开开发者模式、是否开启 USB 调试功能、检查数据线连接、检查 USB 线是否只能充电、检查 USB 接口是否开启、检查 USB 驱动是否成功、检查 adb 驱动版本及 adb server 是否启动。

96．请问 Cookie 与 Session 的关系是什么？

答：

（1）Cookie 数据存放在客户端的浏览器中，Session 数据放在服务器上。

（2）Session 中保存的是对象，Cookie 中保存的是字符串。

（3）Cookie 不是很安全，其他人可以分析存放在本地的 Cookie 并对服务器进行 Cookie

欺骗。

（4）Session 在其有效期内保存在服务器上，当访问增多时会影响服务器的性能，如果想提高服务器性能，尽量使用 Cookie；如果想提高安全性，尽量使用 Session；如果安全性和服务器性能都要考虑，建议将用户名等重要信息存放为 Session，其他需保留的信息存放为 Cookie。

（5）Session 不能区分路径，同一个用户在访问一个网站期间，所用的 Session 可以访问到该服务器中的所有路径，而 Cookie 中可以设置路径参数，来限制不同的 Cookie 只能访问设定好的路径。

97．在浏览器地址栏键入 URL，按下回车键后经历的流程有哪些？

答：

（1）浏览器向 DNS 服务器请求解析该 URL 中的域名所对应的 IP 地址。

（2）解析出 IP 地址后，根据该 IP 地址和默认端口 80 与服务器建立 TCP 连接。

（3）浏览器发出读取文件（URL 中域名后面部分对应的文件）的 HTTP 请求，该请求报文作为 TCP 三次握手的第三个报文的数据发送给服务器。

（4）服务器对浏览器请求做出响应，并把对应的 HTML 文本发送给浏览器。

（5）释放 TCP 连接。

（6）浏览器加载该 HTML 文本并显示内容。

98．一个手机端项目需要一份兼容机型方案，该如何制订？

答：

（1）通过用户活跃程度确定一个大的范围，以保证我们选择的机型是实际应用中主要用户群使用的机型。

（2）考虑目前市场手机的主流分辨率，这里可以将分辨率分为几个级别（一种常见的分法是 720P、1080P、2K 和 4K），我们选择的机型能够覆盖所有级别即可。

（3）系统版本的不断更新可能导致之前可以正常使用的软件功能出现异常，我们要保证软件可以对一个系列的操作系统有较好的兼容性，所以有必要考虑主要用户群使用了哪些版本的系统。

99．线上 Bug 时常会发生，请问你是如何跟进线上 Bug 的？ 你所对接过的线上 Bug 是由什么原因引起的，请举例描述。

答：下载线上有 Bug 的 apk 本地运行；抓取 log 日志，使用案发现场的 apk 本地调试，保证和线上环境一样。

检查源代码、打包环境、渠道号、测试手机；对出现的问题进行多种假设再验证归纳。

Bug 大多是新系统更新导致有些接口返回的参数类型和数量不一致，越界无法解析问题。

100．阐述 1 个 Request 的生命周期。

答：

（1）客户端连接到 Web 服务器。

一个 HTTP 客户端，通常是浏览器，与 Web 服务器的 HTTP 端口（默认为 80）建立一个 TCP 套接字连接。

（2）发送 HTTP 请求。

通过 TCP 套接字，客户端向 Web 服务器发送一个文本的请求报文，请求报文由请求行、请求头、空行和请求数据 4 部分组成。

（3）服务器接收请求并返回 HTTP 响应。

Web 服务器解析请求，定位请求资源。服务器将资源复本写到 TCP 套接字中，由客户端读取。响应报文由状态行、响应头、空行和响应数据 4 部分组成。

（4）释放连接 TCP 连接。

若连接模式为关闭，则服务器主动关闭 TCP 连接，客户端被动关闭连接，释放 TCP 连接；若连接模式为激活，则该连接会保持一段时间，在该时间内可以继续接收请求。

（5）客户端浏览器解析 HTML 内容。

客户端浏览器首先解析状态行，查看表明请求是否成功的状态代码，然后解析每一个响应头，响应头告知以下为若干字节的 HTML 文档和文档的字符集。客户端浏览器读取响应数据 HTML，根据 HTML 的语法对其进行格式化，并在浏览器窗口中显示。

101．写出 LoadRunner 常用的函数，并对其中 2 个举例说明。

答：

web_reg_find 注册一个在下一个动作查找指定字符串的函数；

web_reg_save_param 存储非空结束动态数据到指定参数的函数；

lr_deBug_message 输出一条调试信息的函数；

lr_message 发送一条消息到 Vuser 日志并输出到窗口的函数；

lr_log_message 发送一条消息到 Vuser 日志文件的函数。

102．没有软件的行业背景，你如何理解软件的业务？

答：

阅读用户手册了解软件的功能和操作流程；

看一些业务的专业书籍补充业务知识；

如果有用户实际的数据，可以拿实际的数据进行参考；

参考以前的用例和 Bug 报告；

在使用软件的过程中多思考。

103．LoadRunner 脚本中 action( )和 init( )、end( )除了迭代的区别还有其他吗？

答：action( )中可以设置集合点。

104．Linux 的 vi 有 3 种工作模式，分别是哪 3 种？

答：命令模式、输入模式、底行模式。

105．数据库事务 Transaction 正确执行的 4 个基本要素是什么？

答：ACID 是数据库事务正确执行的 4 个基本要素的缩写。

（1）原子性（Atomicity）。

事务必须是原子工作单元。对于其数据修改，要么全都执行，要么全都不执行。通常与某个事务关联的操作具有共同的目标,并且是相互依赖的。如果系统只执行这些操作的一个子集,则可能会破坏事务的总体目标。原子性消除了系统处理操作子集的可能性。

（2）一致性（Consistency）。

事务在完成时,所有的数据必须保持一致状态。在相关数据库中,所有规则都必须应用于事务的修改,以保持所有数据的完整性。事务结束时,所有的内部数据结构（如 B 树索引或双向链表）都必须是正确的。某些维护一致性的责任由应用程序开发人员承担,他们必须确保应用程序已强制所有已知的完整性约束。

当开发使用转账的应用程序时,应避免在转账过程中任意移动小数点。

（3）隔离性（Isolation）。

由并发事务所作的修改必须与任何其他并发事务所作的修改隔离。事务查看数据时数据所处的状态,要么是另一并发事务修改它之前的状态,要么是另一事务修改它之后的状态,事务不会查看中间状态的数据。这称为可串行性,因为它能够重新装载起始数据,并且重播一系列事务,使数据结束时的状态与原始事务执行时的状态相同。当事务可序列化时将获得最高的隔离级别。在此级别上,从一组可并行执行的事务获得的结果与通过连续运行每个事务所获得的结果相同。由于高度隔离会限制可并行执行的事务数,所以一些应用程序降低隔离级别以换取更大的吞吐量。

（4）持久性（Durability）。

事务完成之后,它对于系统的影响是永久性的。即使出现致命的系统故障,该修改也将一直保持。

一个支持事务（Transaction）的数据库系统必须具有这 4 种特性,否则在事务过程（Transaction processing）中无法保证数据的正确性,交易过程极有可能达不到交易方的要求。

106. 请写出以下 Linux 命令：

（1）进入/home 目录的命令。

（2）查看当 HPT 的进程。

（3）杀死进程号 1005 进程。

（4）动态监控 catalina. out 日志。

（5）在 vi 编辑环境下查找字符 test。

答：

```
cd /home
ps | grep HPT
Kill − 9 1005
tail − f catalina. out
/test
```

107．软件验收测试包含哪 3 种类型？

答：软件验收测试包括正式验收测试、alpha 测试、beta 测试 3 种。

108．什么是回归测试？

答：回归测试有两类，用例回归和错误回归。

用例回归是过一段时间以后再回头对以前使用过的用例重新进行测试，看看会发现什么新问题。

错误回归是在新版本中对以前版本中出现并修复的缺陷进行再次验证，并以缺陷为核心，对相关修改的部分进行测试的方法。

109．假设我们每天 80％的访问集中在 20％的时间里（峰值），如果每天有 300 万的 PV，而我们的单台机器的 QPS 为 58，那么大概需要几台这样的机器？

答：3 台。分析结果如下：

术语说明：

PV（访问量）：Page View，即页面浏览量或单击量，用户每次刷新即被计算一次。

QPS（每秒查询数）：req/sec＝请求数/秒。

【QPS 计算 PV 和机器的方式】

QPS 统计方式［一般使用 http_load 进行统计］

QPS＝总请求数/（进程总数×请求时间）

QPS：单个进程每秒请求服务器的成功次数。

单台服务器每天 PV 计算：

公式 1：每天总 PV＝QPS×3600×6

公式 2：每天总 PV＝QPS×3600×8

服务器计算：

服务器数量＝ceil（每天总 PV/单台服务器每天总 PV）

【峰值 QPS 和机器计算公式】

原理：每天 80％的访问集中在 20％的时间里，这 20％时间叫作峰值时间。

公式：（总 PV 数×80％）/（每天秒数×20％）＝峰值时间每秒请求数（QPS）

机器：峰值时间每秒 QPS/单台机器的 QPS＝需要的机器

例如每天 300 万的 PV 在单台机器上，这台机器需要（3000000×0.8）/（86400×0.2）＝139（QPS）

如果一台机器的 QPS 是 58，需要 139/58＝3 台机器。

110．风险暴露又称风险曝光度，测量的是资产的整个安全性风险。某公司软件团队计划项目中采用 20 个可复用的构件，每个构件平均是 100LOC（Line of Code，源代码行数），本地每个 LOC 的成本是 150 元人民币。下面是该团队定义的一个项目风险：①风险识别：预定要复用的软件构件中只有 50％将被集成到应用中，剩余功能必定定制开发；②风险概率：60％。该项目的风险曝光度是多少？

答：风险曝光度等于风险发生的概率乘以风险发生时带来的项目成本，计算结果如下为(20×100×150)×(1−0.5)×0.6＝90000。

10.14　银行面试题

1．银行开户流程是什么？（这个是存款组核心一般会问的问题）

答：

(1) 打开开户交易。

(2) 选择开户类型。

(3) 填写开户客户信息。

(4) 录入开户关系人信息。

(5) 录入开户受益人客户信息影响，单击提交。

(6) 录入证件映像单击提交，提交完成生成任务编号。

(7) 登录流程银行对此任务进行处理，处理完成进入下一岗位。

(8) 到碎片录入岗进行处理。

例如 A 岗 B 岗录入一致，不需要到 C 岗处理，记账成功。

A、B、C 三岗录入不一致，到差错处理岗处理或去中心支付岗就行处理。如果 A、B 两岗录入一致记账成功，不需要去 C 岗处理。

A、B 两岗录入不一致，去 C 岗处理，信息以 C 岗为主，记账成功。

A、B、C 三岗录入不一致，去差错处理岗处理，或进行任务回退，回退到岗点柜员处理。

2．通知存款的简单流程是什么？

答：进入定期存单开户页面；输入个人客户（企业客户）号；选择产品类型：个人人民币 7 天/1 天通知存款；选择本金存入方式（转账存入），输入同一客户下活期存款账户，输入本金要求最低限额；单击"提交"按钮。

3．活期一本通交易码是多少？

答：0161。

4．活期一本通开户流程是什么？

答：进入个人客户开户页面；输入客户证件类型和证件号；输入其他开户信息，凭证类型（活期一本通存折）、凭证号、支取方式、客户经理、对账单等信息，如果支取方式为密码则要求可通过密码键盘输入密码；系统自动生成一本通账户，同时创建主产品账户；打印存折封面。

5．测试组人员有多少？

答：6 人。测试组长、组员。

6．请列举原来银行的测试地点？

答：例如光大银行测试点，陶然亭。

7．根据你做过的项目，介绍一下怎样测试接口，先干什么，后干什么，重要的是哪一步？

答：有时候开发人员会提供文档给我们，我们根据文档用 Postman 进行接口测试。如果没有文档,我会用 Fiddler 工具进入系统页面抓包,找到请求报文数据中的入参,对数据进行参数化设置,在 Postman 上提交参数,发送请求进行测试。如果需要检测点设置,设置检测点,不需要检测点就直接查看 response 是否正确。

8. 代发工资的入账口和出账口在哪里?报文怎样看?

答:在 inspectors 找到报文 raw。

报文第一行:连接地址以及端口号,从端口号可以判断访问页面是 HTTP 协议还是 HTTPS 协议;

报文第二行:主机连接地址;

报文第三行:连接类型心跳;

报文第四行:用户引擎的基本信息;

报文第五行:浏览器版本;

报文第六行:随机数;

报文第七行:时间戳;

报文第八行:会话 ID;

报文第九行:报文扩展信息;

最后一行:显示数据是否是压缩数据。

9. 你用什么性能测试工具?

答:LoadRunner。

10. 银行业务允许删除吗?

答:有冲正操作,无法删除已发生的与钱款有关的记录。

11. 介绍一下网银的项目。

答:(提示:主要介绍每个模块的需求怎样分析,流程是什么,在整个项目中你的价值点在哪里。)

12. 银行的测试流程是什么?

答:

(1)首先进行项目的立项,确认本期项目的内容,指派项目任务。

(2)然后开需求评审会议,要求所有的工作人员参加,根据需求文档和原型来确定需求和规则。

(3)定好规则之后,我一般会根据需求先画思维导图,然后开始编写测试用例,写好之后交给组长审核,组长确认没问题,开始执行测试用例。

(4)银行测试一般测试 3 轮,包含回归测试。银行一般是成熟的项目,时间短、任务重,一个月左右就需要完成,银行的测试环境是真实环境的副本,不需要自己搭建,测试的数据一般也都是真实的,如果新版未上线,也可能需要自己造数据。

13. 举例说明一下银行测试的 Bug 有哪些?

答:银行测试的 Bug 一般是界面、链接、字段等问题,通常网银测试的环境不太稳定,容易卡顿,所以测试的过程会慢一些,慢的时候一天测试 30 条左右的案例,网络稳定时可执行

200 多条测试用例。

还有一些 Bug 例如字段错误"货款"写成"贷款"；编码错误导致页面列表中某些字段内容不显示；查询字段输入特殊字符时页面显示出现乱码；与需求内容不一致,该修改的地方没有修改。

14. 项目组的名称是什么?

答：一般根据项目组的组成来命名,例如项目系统名称(英文单词缩写)＋Test。

15. 项目组人数是多少?

答：根据项目大小分配,人员一般几人到十几人不等,各个项目组之间有时也会借调人员,外援人员一般来自不同的外包公司,由公司推荐,项目经理进行面试,通过面试即可入职。

16. 每天执行的案例数是多少?

答：取决于项目进度安排、案例难度、测试环境等情况,一般 20～50 个。

17. 每天设计的案例数是多少?

答：通常 100 条左右,如果重复性比较高,直接修改模块名称就可以用,设计的案例数也相应较多。案例不复杂时一二百条,复杂的时候六七十条。

18. 项目总案例数是多少?

答：根据项目大小而定,接触过大一点的项目 7000 多条,小项目几百条。

19. 项目加班频率有多高?

答：取决于项目进程,只在项目任务比较紧的情况下会加班,加班一般是晚上 6 点到 9 点。

20. 项目流程是什么?

答：分派测试任务→分析需求→编写大纲→走查大纲→设计测试案例→走查案例→执行案例→项目结束编写测试总结。

21. 介绍一下通知存款项目?

答：银行存款组的通知存款项目一个部分大概有 59 个模块,包括存款、取款、预约转存、预约登记等。我重点说一下通知存款的存款模块。先简单介绍一下通知存款,通知存款是一款客户在存入时不约定存期,支取时提前通知金融机构,约定支取日期和支取金额才能支取的存款产品。

具体流程：

(1) 拿到用户需求规格说明书进行需求分析,明确测试要点。

(2) 参与需求评审,根据组长分配的任务编写自己负责模块的测试计划,根据需求分析要点编写功能模块的测试用例,测试用例的数量主要由被测系统的结构设置和需求的复杂程度来决定。我负责测试的是通知存款业务的存款和取款两个功能模块,共编写了 600 多条用例。用例的设计我采用了等价类划分、边界值分析和场景法等黑盒测试方法。

(3) 进入到用例评审环节,测试组人员一起探讨测试用例是否覆盖系统要求的全部功能点,找到用例存在的问题并修改,提高测试效率。

（4）执行测试用例，严格按照测试计划执行测试用例，寻找 Bug。其中重点测试的是存款或取款的金额是否符合最低起存、取款金额规则，输入后金额显示是否正确，金额与个人信息是否一致，是否能正常跳转下一步骤等。

（5）利用禅道进行 Bug 的提交工作，并进行跟踪管理。

（6）回归测试，直至 Bug 关闭。

（7）总结 Bug 数量，发送最终测试报告。

22．需求覆盖率怎样计算？

答：测试用例涵盖的需求数/所有需求数×100%。

23．测试用例覆盖率怎样计算？

答：已运行的用例数/用例总数×100%：评估测试执行的完整性，通过的用例数/用例总数×100%，失败的用例数/用例总数×100%。这里可以细化为一次通过的和多次通过的用例，用于评估测试难度，总结被测系统中的测试难点。

24．如何高效保证需求覆盖率？

答：需求覆盖最好是百分百覆盖，除非时间不够才只覆盖核心功能变更。通常是开需求会先讲需求，然后分配到测试人员手里写检查点，编写用例，交叉检查，用例评审，一般情况下就能覆盖全面了。

25．为什么想转行？

答：原来专业未来很难有提升空间，测试行业是有一定未来的，而且也规划好了自己的职业发展。

26．介绍一下手机银行支付项目。

答：

支付功能测试的执行：

（1）公司交给专门负责支付接口等的相关人员进行支付测试。

（2）如果是支付宝支付可以用支付沙漏模拟支付测试，但是好像只能核对成功支付的情况。

（3）给公司申请测试备用金，继续实际支付操作。

（4）把收款方改成自己的收款账号。这样就可以自己支付，自己收款，避免用自己的金钱做公司项目的支付测试。

支付功能在很多软件应用中常常涉及。支付功能的测试关注点是有没有出现资损和事务的一致性。

在支付金额上，金额的最小值为 0.01 元。

（1）无实际支付意义的金额：如 0 元。

（2）支付金额错误：格式错误、数字错误（支付金额为负数）。

（3）超大金额：超过设置的最高金额上限（例如微信红包单个最大值为 200 元等）。

（4）余额小于实际需要支付的金额。

（5）银行卡或其他设置当日消费金额或者单笔消费金额超限。

27．支付接口有哪些？介绍一下。

答：支付会涉及很多第三方接口的相关的事件，例如支付宝、微信、网银系统 、手机银行、POS 机的终端服务，甚至扫码枪等硬件设备也是有关系的。

支付的操作主要有以下几种：

（1）指纹支付。

（2）免密支付。

（3）账号＋密码支付。

（4）动态获取支付验证码支付。

（5）银行卡号＋密码绑定支付。

（6）信用卡可能会涉及支付码等。

如今的支付方式多样化，快捷支付和银行卡支付之间的差异性、信用卡和普通储蓄卡之间的差异处等都是需要考虑的。

28．如何处理退款？

答：（1）支付时出现断网。

（2）支付失败之后如何补单和退单。

（3）支付金额不足的情况下，充值后是否可以继续支付。

（4）持续单击是否会出现多次扣款。

（5）如果发生多次扣款，如何退款到支付账号。

（6）产品后台处理、成功订单的账务处理、失败订单的账务处理、退款订单的账务处理、差错账处理等。

29．如果一个网页打开速度慢是什么问题？ 如何定位？

答：

（1）网络：测试是否有外网；本地网络速度是否太慢，是否过多台计算机共享上网，或共享上网用户中有大量下载时也会出现打开网页速度慢的问题。用户和网站处于不同网段，例电信用户与网通网站之间的访问，也会出现打开网页速度慢的问题。

（2）计算机设置：网络防火墙的设置不允许多线程访问，例如目前 WinXPSP2 就对此默认做了限制，使用多线程下载工具受到了极大限制，BT、迅雷都是如此。因此，同时打开过多页面也会出现打开网页速度慢的问题。

（3）浏览器：是不是有插件因安全问题无法正常加载或运行，使用的浏览器是否有 Bug，例如多窗口浏览器的某些测试版也会出现打开网页速度慢的问题。

（4）硬件：计算机本身的问题；网络中间设备问题，线路老化、虚接、路由器故障等。

（5）病毒：系统有病毒，尤其是蠕虫类病毒，严重消耗系统资源，打不开页面，甚至导致死机。是否和系统漏洞有关也不好说，冲击波等病毒就是通过漏洞传播并导致系统缓慢甚至瘫痪的。

（6）网站问题：如果访问的数据量大，例如大量图片，访问的网站负荷太重，带宽相对太窄，程序设计不合理也会出现打开网页速度慢的问题。排查步骤：①打开其他网站看是否有同样问题；②用 ping 网站命令查看网络是否通、是否丢包、查看响应时间等。

30．你在项目中遇到过哪些 Bug，最后是如何定位，怎样解决的？

答：我说一个印象比较深刻的 Bug 吧！有一次测分页的时候，依次单击页面上的(1)、(2)、(3)…和快速单击，返回的页面结果不一样。最后查到是因为 HTTP 请求是无状态的，导致快速单击时返回的结果不是请求相对应的。解决办法是强制在每个分页请求之间设置延时。用 JS 调微信的接口获取用户名，用同事老张的微信号做测试，结果一直获取的是 null，怎样调都没发现错误，冥思苦想了许久，发现有用户名就叫 null！

31．手机支付测试应考虑哪几点？

答：

（1）从金额上：包括正常金额的支付、最小值的支付、最大值的支付、错误金额的输入（包括超限的金额、格式错误的金额、不允许使用的货币等）。

（2）从流程上：包括正常完成支付的流程、支付中断后继续支付的流程、支付中断后结束支付的流程、支付中断结束支付后再次支付的流程、单订单支付的流程、多订单合并支付的流程等。

（3）从使用的设备上：包括计算机端的支付、笔记本电脑的支付、平板电脑的支付、手机端的支付等。

（4）从支付接口上：包括 POSE 终端机支付、银行卡网银支付、支付宝支付、微信支付、手机支付等。

（5）从产品容错性上：包括支付失败后如何补单或者退单、如何退款等。

（6）从后台的账务处理上：成功订单的账务处理、失败订单的账务处理、退款订单的账务处理、差错账处理等。

32．你使用过 mock 吗？

答：用过 mock 测试就是在测试过程中对某些不容易构造或者不容易获取的对象，用一个虚拟的对象来创建以便测试的测试方法。

33．测试用例是直接执行，还是需要评审？

答：用例都要经过评审，不经过评审的用例有可能导致后续工作无法进行。

34．你们银行可以加班吗？一般几点下班？

答：可以。不加班的时候下午五点下班，加班的时候晚上七八点下班。

35．你有什么要问的吗？

答：看面试官是做技术的还是 HR。如果是做技术的可以问公司目前所做的项目是什么；如果是 HR 可以谈谈公司的福利待遇。

36．你们银行有开发吗？开发是外包还是行方的人？定期一本通的整个流程都测吗？

答：银行测试不面对开发，平时是见不着开发的，开发一般是行方的人。核心五大行开发肯定是自己人，不外包，城商行就得外包。原因是核心系统让自己人研究明白需要很大的成本，不如外包出去实惠，大行有钱，也肯培养自己的人才。一个系统要么外包做，要么自己人做，很少混搭，不排除合作开发的情况。

定期一本通是稳定的项目一般只测试优化的地方,不会进行全部功能测试。测试是因为有功能迭代,有可能是新功能或者旧功能的重写,不是全局的测试,每次改动只涉及部分功能。

37. 存款组一天执行 100 条用例,怎么会这么快? 不是有存期吗?

答:如果要测试验证 5 天后的利息计算一般是等 5 天后看利息,利息计算每天执行一次,当然也能通过手工批量提前计算出来,这种办法仅应急用,不常用。注意改系统时间不会触发利息计算,要一个批量一个批量地跑才能有利息数据。

38. 提前支取案例怎样写?

答:提前支取部分按照活期利率计算;支取金额要大于最低支取金额;支取金额不能大于账户金额。

39. 你找工作多长时间了? 成了几家? 你都接触过银行哪些系统? ecif 都包含哪些外围系统?

答:参考答案(网银、国结、清分清算、信贷管理等)。

40. 你做过 ecif 系统吗? 它是一个什么样的系统?

答:做过。ecif 是一个银行客户管理系统。最开始它从核心业务获取客户信息,如果外围更改了客户信息,就将新的数据推到核心系统中。它是一个用于管理银行客户信息的系统,可以实现客户的集中管理,避免重复用户信息。我主要做的是新建个人/对公客户、维护个人/对公客户、查询个人/对公客户,删除个人/对公客户。这个系统里有一个客户信息合并的功能,系统可以先查出类似的客户,然后再手工合并。

41. 接口能测吗?

答:能,我们公司当时是这么测的,首先根据需求文档理解业务,根据开发写的接口文档编写测试用例,可以从正常业务、异常业务、参数(是否必须、边界值、类型)、参数组合、请求方法等方面来写,然后通过 Postman 或 JMeter 接口测试工具来测,例如选择请求方法、添加参数、选择参数格式等,发送请求和检查响应结果一般都会有 msg 和 code,对比接口文档是否正确。或者添加断言看断言是否通过。如果接口比较多,又经常变动或增加,可以使用 Jenkins+Git+Postman+Newman 实现接口自动化继承。当然也可以使用 Jenkins+JMeter+ant+Git 来实现。(其他点:证书、认证设置、管理 Cookie、Session)

42. 银行测试经常出现的 Bug 有哪些?

答:字段错误,包括按钮、提示语、表头中存在的字段信息与需求文档不符;传值错误,例如查询得出的结果与预期不符,一般是调用接口错误、接口不通等造成的;计算错误,例如利息计算错误,一般是程序编写的错误;异常处理机制中的错误,即在异常情况下系统处理的错误,例如定投理财,系统定期扣款,在扣款的时候卡里没钱,系统会自动发送短信给客户,提醒客户充值,账户第二天进行扣款,但是系统在第二天没有进行扣款,就属于这种错误。

43. 一般 Bug 的出现率是多少?

答:不一定,一天测试下来可能有一条,或者没有,每个模块提交的 Bug 可能有两三条。

44. **银行测试需要写测试用例吗？**

答：需要，不同公司要求不同，通常根据需求文档写一下要测试的业务流程、预期结果等，主要是差异化需求，即版本变化的需求。

45. **银行测试中需要用到哪些设备？**

答：计算机、打印机、刷卡器、密码器、指纹仪（用于验密、签到、签退）。

46. **银行测试使用的缺陷管理工具有哪些？**

答：可以使用 QC 和 IBM 单独开发的工具，也可以不使用缺陷工具，直接发邮件。

47. **你们是如何进行测试的？**

答：在虚拟前端柜台系统中测试，可以根据测试的需求开立 20 个左右虚拟账户，存入虚拟存款额进行测试。计算机端不能进行敏感信息的操作，例如修改手机号、银行卡号必须到柜台办理。

48. **你在其他公司面试中常问的问题有哪些？**

答：基础理论；对银行测试的概念；之前公司的具体工作角色；之前测试中遇到的重大 Bug 是如何发现和解决的；举一个例子，编一个案例，分析思路和要注意的点。

49. **理财产品的有哪些分类？**

答：全封闭性、半封闭性、开放性、周期性。

50. **手机端测试和计算机端测试的区别是什么？**

答：我们一般进行的是 Web 端测试，手机银行的测试由专门的人负责，手机端的测试主要是测试连通性，手机端只是一个入口，最终数据还是会接入计算机系统。

51. **公司项目排期是怎样进行的？**

答：公司会在开始制订好计划，今年有几个批次（一个批次包含多个项目，即不同项目在同一时间段完成），每个批次的时间，一经制订不再更改。后期排期组可根据项目的时间安排和工作量，再将项目添加到合适的批次中，一般排期组人数不多（2~3 人，包含高级经理，以及负责 Bug 修改、任务排期的人员）。

52. **SQL 中分组和排序的命令分别是什么？**

答：group by ，order by。

53. **Linux 中打印当前工作目录的命令是什么？**

答：pwd。

54. **贷款是怎样发放的？银行是怎样计算利息的？如果还款日是 15 号，那么我 14 号贷的款怎样计算利息？**

答：贷款发放：

（1）校验客户状态是否正常（黑名单提示不影响交易进行）。

（2）额度发放时检查卡号状态，卡号状态不正常不能进行发放。

（3）系统支持对一个额度合同进行全额或部分额度启用。

（4）额度发放时，除额度金额、额度期限及额度分配列表外，其他合同要素均不能修改，而且金额和期限都只能改小，不能改大。

（5）交易机构必须是贷款合同的授信机构或上级机构。

（6）额度发放审批前，抵质押物档案必须入库，发放时冻结质物。

（7）按揭开放账户额度下贷款到期日等于按揭开放账户额度到期日。

计算利息：按天计算，1 年＝12 个月＝360 天（参考答案）。

55. 你做的这个银行还款日是哪一天？

答：贷款还款日与客户约定日期看客户意向，我做的银行项目还款日（15，29，30，31）。

56. 说一下你了解的业务知识有哪些？

答：

存款的二分类；

存款的序号；

存款的开户；

定期存款；

匡息：预算的利息；

计息：计算利息（日，月，年的利息）；

结息：实际的利息（按季度的结息为每季末日 20 号，21 号把利息打到卡上）；

积数：日积数每天账户余额简单地累加（一般用来计算活期利息，存款天数是计算利息的基础）；

月积数是针对定期存款的；①利息的计算方式有以下几种，计算公式：定期存款：利息＝本金×存期×利率（存期与利率必须对应）；活期存款积数计息法：利息＝积数×日利率（积数＝存款余额×日数）；活期计算分段计息法：利息＝Σ 每日计提金额（每日计提＝当日余额×日利率）；②利率表示方式，年利率以％表示，年利率÷12＝月利率，年利率÷360（365）＝日利率；月利率以‰表示，月利率÷30＝日利率；日利率以万分之表示；③计息起点，各种存款计息起点均以本金"元"为起息点，元以下不计息，利息金额算至分位日元算至元位），分以下四舍五入，分段计息应算至厘位，几段利息相加后四舍五入；④计算原则，存款期的计算采用"算头不算尾"，即存款存入或贷款发放的当日开始计息，取款或还款的当日不计利息。

个人按揭开放账户业务是一个授信额度的动态管理过程，它将按揭借款人的贷款账户和存款账户相关联，以借款人按揭的房屋作最高额抵押并根据按揭贷款的归还状况确定授信额度，借款人在额度有效期内可以通过柜台或自助渠道循环使用额度内贷款。主要功能包括额度变化、额度查询、额度发放、额度合同创建、额度合同信息修改、额度恢复、额度终止、额度作废。

57. 说说你最熟悉的模块，是怎样测的？

答：

（1）校验客户状态是否正常，并检查是否在黑名单上，系统进行回显提示是否正确。

（2）检查放款账户类型。

（3）校验额度的放款账户、还款账户及凭证状态是否正常；如果还款账户与借款人不属于同一客户号,系统需校验是否为关系人的账户,如担保人、联合申请人、配偶等。

（4）额度合同开立时,如果为项目下额度,系统需检查项目的剩余额度及有效期;如果项目剩余额度不足、额度合同金额或项目已过期,额度合同开立失败。

（5）项目下额度合同开立同时扣减项目的项目额度,如果项目的开发商承担担保责任,则同时扣收项目的担保额度。

（6）如果合同创建时同时创建新押品,且此押品有权证需要入库,则同时触发档案系统生成权证类档案编号;如果合同创建时未生成新的押品,则只触发档案系统生成非权证类档案编号。

（7）授信额度超过300万元(参数设置)时,即使额度下贷款无须审批,也不能开通自助渠道。

（8）对于额度下单笔贷款需要审批的,不能开通自助渠道办理贷款发放。

（9）按揭开放账户额度下贷款扣款日默认为15日。

（10）自动还款日不能为15、29、30、31日。

活期一本通的用户信息查询板块:分别输入存折号、身份证号、姓名、地址、手机号等,看是否可以查到客户所有的信息,信息显示是否齐全,输入姓名是否会显示多条信息,输入地址是否会有多条信息。

58.请写出金额转账框(人民币)的测试案例。

答:

（1）测试该输入框能否正常输入,输入后能否正常显示。

（2）输入金额应该是数字,字母、字符、特殊符号是否能输入,如果能输入,输入后是否有错误提示。

（3）输入内容的长度是否有限制,如果有可以用边界值分析测试一下。

（4）需要测试一下小数点后的情况。一般金额小数点后是2位,也可以根据边界值测试一下3位的情况、1位的情况或者小数点后不输入的情况。

59.介绍一下网银转账的过程。

答:先打开网银App,登录账号,进入转账页面,输入转账账号、金额、开户行、姓名等信息,提交,接受动态验证码,输入动态验证码及密码,提交,转账成功。

60.介绍一下你测试模块的需求文档?

答:活期一本通,需求文档主要包含活期一本通项目简介、编写需求文档的目的、业务范围、相关术语、业务需求、测试用例等。

61.介绍一下你的同事都测试哪些模块?

答:可以介绍你们组所负责的项目是如何开展测试计划的,也就是周计划,这样就知道你的同事都做了具体什么模块。

62.你是否接触过大额支付?

答:大额支付是银行里比较复杂的业务模块,如果没有做过,请回答"没有";如果做过,要回答从流程到支付的检查点。

63. 网银支付后如何检查已支付成功？

答：是否收到短信，查看账户余额。

64. 网银支付不成功，你怎样处理？

答：首先查看不成功的提示，查看支付不成功是因为网络原因还是验证码超时？密码错误？转账账号异常？金额不足？然后根据系统日志等逐一查看。

65. Windows 下用什么工具登录 Linux？

答：XShell 等远程管理软件。

66. 你测试的模块写了多少条用例？

答：600～2000 条。

67. 你大学都学过哪些课程？介绍一下所学课程的大概内容。

答：一般外包公司愿意问这个问题，主要考查你的学历是否真实，还有可能对你的平时学习成绩做一个评估，在以后的工作当中是否有一个积极向上的学习能力。

68. 说出网银转账的测试点。

答：输入转账账号格式：内容方面（输入特殊符号、数字、英文字母、汉字、数字加符号、数字加英文字母，数字加汉字等测试点）；边界值测试点，输入姓名框：内容方面（输入特殊符号、汉字、英文字母、数字、数字加符号、数字加英文字母、数字加汉字等测试点）；

输入金额框；输入备注信息框；获取动态短信时间间隔；输入密码出错次数；无网络是否可以转账；弱网情况是否可以转账；突然断电，重新启动转账页面是否重置；重新连接网络，页面是否重置；转账成功是否有回执单，或者是否可以收到短信；转账失败，是否有失败原因提示，例如某条信息输入错误？转账账户有无异常提示，例如疑似诈骗、冻结、销户。

69. 你测试的是新系统还是版本升级？新系统和原有系统的区别是什么？

答：我测的是新系统，新系统增加了很多功能，根据简历里的项目回答（参考答案）。

70. 日志你都查什么内容？

答：一般都是查阅错误日志内容，或者说是数据库的 SQL 语句。

71. 测试划分为哪几个阶段，你主要做的是什么测试？

答：分为以下几个阶段：

（1）单元测试：一个函数方法窗口、一个功能模块都可以看作一个单元，主要依据的是详细设计文档，以白盒为主，一般由开发人员完成。

（2）集成测试：在单元测试的基础上把软件逐渐组装起来，一起继续测试的过程（接口测试是在这个阶段进行的）。

（3）系统测试：整个功能全部完成后对集成了硬件和软件的完整系统进行真实的环境模拟，测试重点主要在于整个系统能否正常运行、整个系统的兼容性测试。

（4）验收测试：①alpha 阶段：在软件开发过程中由最终用户对软件进行检查；②beta阶段：在最终用户的实际环境中由最终用户对软件进行检查。

72．银行和互联网测试，你觉得它们的区别是什么？

答：银行测试比较注重功能测试，业务类的知识可能要比技术方面重要，大多数情况是在做业务，对银行业务的了解或有会计学基础的人更能把案例设计得符合实际生产，对账务测试也不会太吃力，银行核心测试注重账务的准确性。

互联网测试接触的领域比较广，无论是金融、手机软件都会涉及互联网测试并且对技术要求相对较高，技术氛围更加开放，有更多的技术探讨和交流，思维更加活跃。

73．你们会用柜面系统查询是否支付成功吗？

答：会的，这是判断是否支付成功的依据，并且我们还会依据是否收到支付扣款短信，支付成功后支付页面是否跳转，系统是否有支付成功的显示，查看付款人账户余额是否减少，查询数据库收款人账户是否增加。

74．冒烟测试是在什么阶段下做的？

答：冒烟测试是对软件的基本功能进行测试，在新项目将要进行到测试阶段前，看看能不能跑通，大体功能上有没有什么问题，不检查小瑕疵。冒烟测试是在大体上把控一下，主要功能没问题测试才可以走得下去。

75．会计分录是什么？

答：会计记账方式，指某项经济业务标明其应借、应贷账户及其金额的记录。会计分录是根据复式记账原理的要求，对每笔经济业务列出相对应的双方账户及其金额的一种记录。

76．你做的是 UAT 还是 SIT 测试？

答：SIT（System Integration Testing）系统集成测试，也叫作集成测试，是软件测试的一个术语，在其中单独的软件模块被合并和作为一个组测试。UAT（User Acceptance Test），也就是用户验收测试，或用户可接受测试系统开发生命周期方法论的一个阶段，这时相关的用户或独立测试人员根据测试计划和结果对系统进行测试和接收。一般我们做的是UAT 测试。

10.15　黄金钱包

1．查询表 10.4 中所有气温大于 35℃的省。

表 10.4　气温信息

province	city	temper
广东省	广州	36℃
广东省	深圳	34℃
湖北省	武汉	36℃
湖北省	荆州	36.5℃
湖南省	长沙	36.5℃
湖南省	湘潭	34℃
湖南省	岳阳	37℃

答：命令如下：

```
select * from 表 where province not in(select province from 表 where temper < 35)
```

2. 查询所有课程分数都大于 85 分的学生姓名,考试成绩如表 10.5 所示。

表 10.5 考试成绩

course	score	person_id
语文	90	1
语文	80	2
语文	85	3
数学	85	1
数学	87	2
数学	79	3
英语	91	1
英语	86	2
英语	89	3

答：学生信息如表 10.6 所示。

```
select name from student where person_id not in (select person_id from exam where score < = 85)
```

表 10.6 学生信息

person_id	name	class
1	张三	一班
2	李四	二班
3	王五	一班

3. 如何测试一台 ATM 取款机? 请尽可能列出测试点并考虑安全性。

答：

(1) 银行卡是否可有效的识别,是否消磁,芯片是否损坏。

(2) 输入密码是否正确(密码字符串为阿拉伯数字 0~9,长度为 6)。

(3) 3 次密码输入错误之后是否锁卡、吞卡。

(4) 取钱金额是否超过当日单笔最大限额。

(5) 取钱的金额是否超过账户余额。

(6) 取钱的单笔金额额度是否合法(50 或 100 为单位金额)。

(7) ATM 取款机没钱了。

(8) 交易时断电、断网等。

(9) 从用户体验上检查界面文字是否提示正确,布局是否美观,每一步的语音提示是否正确。

4. 给定 3 个数，分别是 a、b、c。编写程序判断任意两个数之和是否大于第三个数。

答：只需要判断

```
a = input()
b = input()
c = input()
if (a + b > c and a + c > b and b + c > a and abs(a − b) < c and abs(a − c) < b and abs(b − c)
< a):
print("任意两个数之和大于第三个数.")
else:
print("任意两个数之和不大于第三个数.")
```

5. 给定字符串 A = "THIS IS A TEST"，按词倒序输出。并统计字符串内"T"的数量。

答：字符串逆转编程

```
A = 'THIS IS A TEST'
listA = A.split(' ')
re_listA = listA[::−1]
re_A = ' '.join.(re_listA)
print(re_A)          # TEST A IS THIS
countT = 0
for x in A:
if x == 'T':
countT += 1
print('T:', countT)
```

第 11 章

面试技巧与非技术面试题

11.1　面试技巧

（1）面试前,先尝试对可能被问到的问题和答案进行一次预演,做到心里有数,有助于缓解心理压力。

（2）要知道怎样回答棘手的问题,这是面试官观察你在有压力情况下的个人表现,应对这种问题最好就是做好准备,冷静梳理好思路并尽量从容应答,展现自己阳光自信的一面。

（3）面试前要检查手机是不是已经关机,以确保自己在面试时专心一致,不至于分心。

（4）面试前的准备:企业简介、规模、企业产品、企业文化、企业的成功案例都要了解清楚,做到知己知彼,职位招聘职责与自我技能对比分析、企业具体地址及行车路线;面试相关物品(作品、纸质简历、签字笔)、充足休息。

（5）面试时要穿着干练、干净、整齐,留下初见好印象,第一印象能在对方的头脑中形成并占据主导地位。面试中首因效应的作用不可小瞧。虽然考官的"印象"标准不一,但总体来说有些是一致的,这就是踏实、开朗、精神饱满、信心十足、坦诚、机敏、干练的人会给人留下良好的第一印象。面试中的礼仪:微笑、真诚、自然、自信;站姿:身体挺直、双肩放松、收腹挺胸;坐姿:坐椅子三分之二处,身体自然挺直,双手叠放于腿上。

（6）面试临近时要练习如何放松自己,例如放慢语速,深呼吸保持冷静。因为越放松就会觉得越舒适自然,也会表现得更有自信。

（7）为了表现自己做事正规、周全、细致,面试时要多准备几份简历,因为考官可能不只是一个人。面带微笑,有助于迅速建立良好的形象。

（8）开始面试时认真聆听而且让考官知道你在听他直接或间接提供的信息,这是一个不错的交流技巧;留心你自己的身体语言,尽量表现得有活力,对面试官全神贯注,用眼神交流,在无声的交流中展现出对该职位的兴趣。

（9）三思而后答:面试场上考官们经常采用的一个基本策略就是尽量让应试者多讲话,目的在于多了解一些应试者在书面材料中没有反映的情况。在面试时一定要注意,如果认为已经回答完了,就不要再讲。最好不要为了自我推销而试图采用多讲话的策略来谋求在较短的时间内让招聘方多了解自己,事实上这种方式对大多数人来讲并不可取。该讲的讲,不该讲的决不要多讲,更不要采取主动出击的办法,以免画蛇添足、无事生非。

(10)面试时要随机应变:面试当中对那些需要从几个方面来加以阐述,或者"圈套"式的问题,应试者要注意运用灵活的语言表达技巧,否则很容易将自己置于尴尬境地或陷入"圈套"之中。

(11)稳定自己的情绪,沉着而理智:有时面试时考官会冷不防地提出一个应试者意想不到的问题,目的是想试试应试者的应变能力和处事能力。这时,你需要的是稳定情绪,千万不可乱了方寸。

(12)不置可否地应答,模棱而两可:应试场上,考官时常会设置一些无论你作肯定的回答还是作否定的回答都不讨好的问题。例如,考官问:"以你现在的水平,恐怕能找到比我们公司更好的单位吧?"如果你的回答是肯定的,则说明你这个人心高气傲,或者"身在曹营心在汉";如果你的回答是否定的,不是说明你的能力有问题,就是自信心不足;如果你回答"我不知道"或"我不清楚",则又有拒绝回答之嫌。遇到这种任何一种答案都不是很理想的问题时,就要善于用模糊语言来应答。可以先用"不可一概而论"作为开头,接着从正反两方面来解释你的观点。

(13)圆好自己的说辞,滴水不漏:在面试中,有时考官所提的一些问题并不一定要求有什么标准答案,只是要求应试者能回答得滴水不漏、自圆其说而已。这就要求应试者答题之前要尽可能考虑得周到一些,以免使自己陷于被动。

(14)不拘一格地思维,"歪打"而"正着":面试中,如果考官提出近似于游戏或笑话式的、过于简单化的问题,就应该多转一转脑子,想一想考官是否另有所指,是否在考查你的IQ、EQ 或 A;如果是,那就得跳出常规思维的束缚,采用一种非常规思维或发散式思维的方式去应答问题,切不可机械地作就事论事的回答,以求收到"歪打正着"的奇效。

(15)摆平自己的心气,委婉而机敏:应试场上,考官往往会针对求职者的薄弱点提出一些带有挑战性的问题。例如,对年轻的求职者会设问:"从你的年龄看,我们认为你担任经理这个职务太年轻了,你怎样看?"对年龄稍大的求职者又会设问:"我们觉得你的年龄稍大了点,恐怕在精力方面不如年轻人,你怎样看?"等,面对这样的考题,如果回答"不对""不会""不见得吧""我看未必""完全不是这么回事"等,虽然也能表达出自己的想法,但由于语气过于生硬,否定过于直接往往会引起考官的不悦。

(16)放飞想象的翅膀,言之有物:面试中,偶尔也会出现一些近乎怪异的假想题,这类题目一般都具有不确定性和随意性,这也使应试者在回答时有了发挥想象的空间和进行创造性思维的领域,只要充分利用自己积累的知识,大胆地以"假设"对"假设",就能够争得主动,稳操胜券。

(17)注重强调表现自己的过人优势:要在一些细节上突出自己的一些优秀特质,例如坚毅、认真、勤奋、细心、宽容等,这些都是用人公司非常看重的方面。

(18)充分展现你的职业素养:不要做很多不自然的或者潜意识的小动作,说话要注意语气、音量,尤其是女性要学会压低嗓音说话,否则声音很容易变得刺耳。另外要注意自己的眼神,不可东张西望,闪闪烁烁。像打呵欠、用手指指人这些毛病一定要杜绝。

11.2　非技术面试题

1. 请你自我介绍一下。

回答提示：一般人回答这个问题时过于平常,只说姓名、年龄、爱好、工作经验,这些在简历上都有,其实企业最希望知道的是求职者能否胜任工作,包括最强的技能、最深入研究的知识领域、个性中最积极的部分、做过的最成功的事、主要的成就等,这些都可以和学习无关,也可以和学习有关,但要突出积极的个性和做事的能力,说得合情合理企业才会相信。企业很重视一个人的礼貌,求职者要尊重考官,在回答每个问题之后都说一句"谢谢,回答完毕",企业都喜欢有礼貌的求职者。

参考答案：

从这些方面组织语言：从业时间 、教育背景、工作经验 、项目经验 、擅长技能,你的性格尽量与个人简历一致。

你好,我叫XX,来自XXXX,毕业于XXX学院计算机专业,从毕业至今在XXX公司从事软件测试工作1年半。我们做的项目主要是前程贷,采用社群理财模式的P2P平台,涉及模块主要有蜂群、投资理财、我的蜂群、我的账户。项目中我负责过Web测试、App测试。主要进行功能测试、接口测试,也负责过简单的压力测试(跟简历项目一致),能独立搭建Java项目环境；熟悉LR性能测试工具及Linux命令行的使用,也有过开发的经验,擅长C/C++、Java、JavaScript编程语言(有该项经验就补充)。我是一个耐心、认真的人,有信心做好测试的工作等。

2. 你为什么要做测试,你觉得你做测试的优势是什么?

答：可以说自己喜欢这一行,有发展前途、自己性格适合做这个岗位等；优点可以说细心、责任心强、沟通能力强之类的,跟测试相关的优势都可以讲。

3. 你每天的工作内容是什么?

答：如果是项目期间,一般会通过公司邮件发布测试任务,每天基本的工作内容就是进行测试,下班之前提交工作日报,包括今天测试了什么项目、测试进度、测试出的问题等；如果是非项目时间,会进行一些文档的整理,例如测试用例的完善、自我技术提升。

4. 你还有什么问题想问吗?

答：企业通常不喜欢求职者问个人福利之类的问题。问的问题最好体现出你对学习的热情和对公司的忠诚度以及你的上进心,例如我们的项目团队人数是多少、测试多少人、开发多少人、目前做的项目是什么等。

5. 为什么离职?

答：

(1) 寻求更大、更专业的职业发展平台。

(2) 个人职业发展规划的原因。

（3）喜欢更有挑战的工作。

6. 你对测试最大的兴趣在哪里？为什么？

答：回答这个面试题，没有固定统一的答案，但可能是许多企业会问到的。提供以下答案供考：最大的兴趣，感觉这是一个有挑战性的工作。测试是一个经验行业，工作越久越能感觉到做好测试的难度和乐趣，通过自己的工作，能使软件产品越来越完善，从中体会到乐趣。

回答此类问题注意以下几个方面：

尽可能切合招聘企业的技术路线来表达你的兴趣。例如该企业是数据库应用的企业，那么表示你的兴趣在数据库的测试，并且希望通过测试提升自己的数据库掌握能力；表明你做测试的目的是为了提升能力，也是为了更好地做好测试；提升能力不是为了以后转开发或其他的，除非用人企业有这样的安排。不要过多地表达你的兴趣在招聘企业的范畴之外。

再例如招聘企业是做财务软件的，可表现出来对游戏软件的兴趣；或招聘是做 Java 开发的，而你的兴趣是在 C 类语言程序的开发，根据自己的技术特长回答。

7. 简述你在以前的工作中做过哪些事情，比较熟悉什么？

答：我过去的主要工作是系统测试和自动化测试。在系统测试中，主要对 BOSS 系统的业务逻辑功能，以及软交换系统的 Class 5 特性进行测试；性能测试中，主要进行压力测试，在各个不同数量请求的情况下，获取系统响应时间以及系统资源消耗情况。自动化测试主要通过自己写脚本以及结合一些第三方工具来测试软交换的特性。在测试中，我感觉对用户需求完全、准确的理解非常重要。另外，就是对 Bug 的管理，要以需求为依据，并不是所有 Bug 均需要修改。测试工作需要耐心和细致，因为在新版本中，虽然多数原来发现的 Bug 得到了修复，但原来正确的功能也可能变得不正确。因此要注重迭代测试和回归测试。

8. 就你申请的这个职位，你认为你还欠缺什么？

答：企业喜欢问求职者的弱点，但精明的求职者一般不直接回答。他们希望看到这样的求职者：继续重复自己的优势，然后说："对于这个职位和我的能力来说，我相信自己是可以胜任的，只是缺乏经验，这个问题我想我可以进入公司以后以最短的时间来解决，我的学习能力很强，我相信可以很快融入公司的企业文化，进入工作状态。"企业喜欢能够巧妙地躲过难题的求职者。

9. 与上级意见不一致，你怎样办？

答：

一般可以这样回答："我会给上级以必要的解释和提醒，在这种情况下，我会服从上级的意见。"

10. 如果你在这次面试中没有被录用，你怎样打算？

答：现在的社会是一个竞争的社会，从这次面试中也可看出这一点，有竞争就必然有优劣，有成功必定就会有失败。往往成功的背后有许多的困难和挫折，如果这次失败了也仅仅是一次而已，只有经过经验、经历的积累才能塑造出一个成功者。我会从以下几个方面来正确看待这次失败。

（1）要敢于面对，面对这次失败不气馁，接受已经失去了这次机会就不会回头这个现实，从心理意志和精神上体现出对这次失败的抵抗力。要有自信，相信自己经历了这次失败之后经过努力一定能够超越自我。

（2）善于反思，对于这次面试经验要认真总结，思考剖析，从自身的角度找差距。正确看待自己，实事求是地评价自己，辩证地看待自己的长、短、得、失，做一个明白人。

（3）走出阴影，克服这一次失败带给自己的心理压力，时刻牢记自己的弱点，防患于未然，加强学习，提高自身素质。

（4）认真工作，回到原单位岗位上后，要实实在在、踏踏实实地工作，三十六行，行行出状元，争取在本岗位上做出一定的成绩。

（5）再接再厉，如果有机会我仍然会再次参加竞争。

11．除了本公司外，还应聘了哪些公司？

答：这是很多公司会问的问题，其用意是要概略知道应试者的求职志向，所以这并非绝对是负面答案，就算不便说出公司名称，也应回答软件产品的公司。如果应聘的其他公司是不同业界，容易让人产生无法信任的感觉。

12．你是如何了解到我们公司的？

答：这个问题的关键词是"如何了解"，面试官通过这样的一个问题挖掘你对公司的重视程度，从而了解到你来公司的意愿有多少。较好的回答是"贵公司在行业内的知名度很高，从决定做这一行业开始，我就随时为能来到贵公司做准备，现在我的能力达到了，所以赶紧过来面试，请给我一个和您成为同事的机会。"

13．工作中你难以和同事、上司相处，你该怎样办？

答：

（1）我会服从领导的指挥，配合同事的工作。

（2）我会从自身找原因，仔细分析是不是自己工作做得不好让领导不满意，同事看不惯。还要看看是不是为人处世方面做得不好，如果是这样我会努力改正。

（3）如果找不到原因，我会找机会跟他们沟通，请他们指出我的不足，有问题及时改正。

（4）优秀的员工应该时刻以大局为重，即使在一段时间内领导和同事对我不理解，我也会做好本职工作，虚心向他们学习。我相信，他们会看见我在努力，总有一天会对我微笑的。

14．说说你的家庭。

答：企业面试时询问家庭问题不是非要知道求职者的家庭情况，探究隐私，而是要了解家庭背景对求职者的塑造和影响。企业希望听到的重点也在于家庭对求职者的积极影响，例如和睦的家庭关系对一个人的成长有潜移默化的影响。

15．你和别人发生过争执吗？你是怎样解决的？

答：考官希望看到你成熟且乐于奉献。他们希望通过这个问题了解你的成熟度和处世能力。

16．**为什么要在一个团队中开展软件测试工作？**

答：因为没有经过测试的软件很难在发布之前知道该软件的质量，就好比 ISO 质量认证一样，测试同样也需要质量的保证，这个时候就需要在团队中开展软件测试的工作。在测试的过程发现软件中存在的问题，及时让开发人员得知并修改问题，在即将发布时，从测试报告中得出软件的质量情况。

17．**毕业以后为什么不找个好点的公司？**

答：刚刚毕业，能力浅薄，只想找个地方工作的同时磨炼自己。

18．**你有什么职业规划？**

答：测试人员的发展方向通常为高级测试工程师、测试开发专家、测试经理、项目经理、产品经理等。

19．**你会把加班当作是压力么？**

答：压力只是暂时的，趁年轻我想拼一把，努力让父母过好日子，想到这儿就什么都不是压力了，而是我前进的动力。

20．**工作地点在哪里？**

答：这个问题主要考察你的简历的真实性。

21．**你简历上写的住在天通苑，每天上班很远啊？**

答：还行，奋斗的年纪，远不是问题。